定私制人 大宅修成

杨坤·编著

U0310080

中国水利水电出版社
www.waterpub.com.cn
·北京·

内容提要

本书讲述了与大宅有关的设计、软装、施工、机电、材料及室内环境与空气治理等内容。本书涵盖了打造房地产样板间及精装大宅的全部环节及要点，是大宅领域私人代建的经验总结，具有实操性与指导意义。

本书提出大宅大设计概念和工匠精神，以"互联网＋"与双创时代背景下进行资源整合，搭建平台实现大设计＋轻工辅料＋专业分包＋材料代理/供应商＋管理的一体化服务新模式，以服务品质、产品品质的"双品"服务于客户。

本书适用于私人业主、房地产开发商专业人士、室内设计师和装饰装修人员，相关专业的院校师生以及装修爱好者阅读。

图书在版编目（ＣＩＰ）数据

大宅修成·私人定制 ： 品质住宅最佳营造模式 / 杨坤编著. -- 北京 ： 中国水利水电出版社，2016.8
ISBN 978-7-5170-4699-8

Ⅰ．①大… Ⅱ．①杨… Ⅲ．①住宅－室内装饰设计－作品集－中国－现代 Ⅳ．①TU241

中国版本图书馆CIP数据核字(2016)第211307号

策划编辑：祝智敏　　责任编辑：杨庆川　　加工编辑：庄晨　　装帧设计：郭立丹

书　　名	大宅修成·私人定制：品质住宅最佳营造模式 DAZHAI XIUCHEN·SIREN DINGZHI PINZHI ZHUZHAI ZUIJIA YINGZAO MOSHI
作　　者	杨坤 编著
出版发行	中国水利水电出版社 （北京市海淀区玉渊潭南路 1 号 D 座 100038） 网　址：www.waterpub.com.cn E-mail：mchannel@263.net（万水） 　　　　sales@waterpub.com.cn 电　话：（010）68367658（营销中心）、82562819（万水）
经　　售	全国各地新华书店和相关出版物销售网点
排　　版	北京万水电子信息有限公司
印　　刷	北京市雅迪彩色印刷有限公司
规　　格	170mm×235mm　16开本　9印张　156千字
版　　次	2016年8月第1版　2016年8月第1次印刷
印　　数	0001—3000册
定　　价	68.00元

作为一名设计师，我们在不断修养自身技艺的过程中，往往只关注了对纯粹设计技法与设计理念甚至是艺术表现力方面的提升。实际上，设计本身是一件综合多项业务的大型项目活动。除了纯粹的技术层面值得不断提升以外，设计管理也是一个决定设计价值是否存在的关键环节。它包括对设计项目本身的管理以及对设计团队的人本管理。因此，一名优秀的设计师就应该是一名具备综合经营能力的复合人才。

国内设计专业的高等教育，大多注重设计技术层面的教学发展，而这本书的出现也许恰恰是设计教育开始关注或转向设计管理这个领域的一个开始。书中不乏设计管理的理论体系，更有开展设计管理的手段与方法，值得追求以设计作为经营事业的设计师以及设计创业者阅读学习。

——清华大学美术学院教授、博士生导师、原常务副院长　郑曙旸

大宅修成，在大众创业、万众创新时代感召下孕育而生。实现全产业链贯通，去掉中间环节，专业的人做专业的事。这本书里提炼出品质大宅最佳营造理念，形成大设计概念＋轻工辅料＋专业分包＋材料代理商／供应商＋管理的全新服务模式，这种模式不同于传统装饰企业，其创新的核心在于打破行业痛点，解决了人对人的信任问题，再把好的东西整合在一起，进行科学决策，系统管理，把握细节。就是要更好地服务于客户，打造品质大宅，实现国人"家"文化的传承。

——北京紫香舸国际装饰艺术顾问有限公司董事长　黄伟

看完《大宅修成》，你会远离那些"装修的烦恼"。杨坤先生把他丰富的设计管理、工程管理等专业经验总结成方法，把理论演变成表格和图示，既解读了空间的布局和功能，也捕捉了风格和潮流，按部就班地把"装修那些事儿"说的明明白白，整本书很实用也很有趣。不管是对于业主、设计师还是工程施工者来说，这本书都是最好的指南。

——《新京报》、新京报传媒集团执行总裁　张学冬

写在前面的话

大宅，顾名思义，就是大的住宅。这样的宅子可以是别墅、豪宅，也可以是近些年出现在城市中的大平层住宅及乡间里的村落等。大宅涵盖了目前存在的高端住宅所有业态形式。

中国人历来尤爱大宅，是因大宅蕴含着特有的人居理念而孜孜以求。大宅的魅力，不仅因为所占的面积宽大，而且贵在其蕴含着的人文气质与千载不变的思想意识格局。大宅是中国人特有的一种情结，已嵌入了上下五千年的文化之中，割舍不去。

大宅，不仅代表着一个国家或区域居住建筑的最高水平，同时反映了社会精英阶层追求的理想生活方式。

当今大宅的营造，是最优秀的设计水平与极具含量的科技产品相结合的最佳体现。

每位大宅的主人常常根据自己文化审美需要，量身打造私属生活的空间，彰显其与众不同的身份与品位。

一座大宅，即是一部家族奋斗史。一座基业大宅，见证并延续着一个家族的荣耀。

再版《大宅修成·私人定制》，旨在从更高的文化、更深的层次上剖析大宅。文化定位功能，功能决定布局。大宅将载入家族史册，成为新时代家规、家风、家教的有型载体，传承中华"家"文化。

大宅世家，大宅之传世，家业之传承。

打造具有历史价值的大宅，成为行业从业者们的社会责任。从文化-管理-设计-营造-材料五个方面搭建平台，提供一揽子解决方案。顺应"互联网+"的时代发展要求，形成以"私人代建"模式、资源信息平台共享模式、跨产品全产业链营销的三大模式，去掉中间环节，专业的人做专业的事，提升服务的品质，从而更好地服务于客户便是再版的宗旨。

在完成远洋 LAVIE 大宅的全案设计施工管理工作后再次总结与提升，通过资源整合组建专业团队，实现设计、施工与管理一体化，三大板块一套班子，多产品全产业链集群，效果与效率得以保证的品质服务。

于北京　2016 年 5 月 21 日

目录

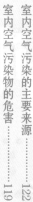

第一章 从设计说起

　　文化定位功能，功能决定布局。这里讲"布局"就是建筑平面的布置。设计，是室内软硬装及与之相关的建筑、结构、暖通、机电、灯光等设计集合而成的大设计。大宅，得有大设计。

　　室内设计是整个设计活动的核心，是贯穿大宅营造的全过程，其他的设计内容根据功能与使用安全的需要，选择性地进行专业设计，是设计工作必不可少的重要组成部分。就室内设计而言，由于各设计师的生活理念、思维方式及沟通理解能力的不同，对设计的整体协调及把控全局能力的差别，对大宅最终呈现的效果、期间的成本控制及实施的进度均会造成一定的影响。选择怎样的设计就是选择怎样的设计师，这是大宅修成的第一道选择题。

卧室 ▲

一、怎样选择设计、设计师

设计的选择，主要从以下三点出发，综合确定。

1. 考察以往的设计案例，了解设计师过往的经历。如果有条件，可进一步与其以往合作过的业主进行沟通，了解设计服务全过程。

2. 考察有意向的设计公司的办公场所，对设计人员的工作环境有一个切身的感受，从而了解设计公司实力、员工的工作环境及工作状态。与意向设计师面对面交流，了解他们服务的内容、擅长的风格，以及设计的流程等。

3. 了解设计流程及管理水平、服务态度、工作饱和度、设计效果、设计周期等能否满足要求，最终确定设计公司与设计师。通过沟通，选择出业主及家庭成员共同喜欢的风格意向、功能诉求及定位标准。并了解相关设计收费情况。

家庭厅 ▲

会客厅 ▼

卧室 ▲

书房 ▲

　　一般情况下，设计公司都有自己的设计合同模板，业主需要在确定委托之前对主要条款作详细了解，避免后期的合同签订受到影响。

卫生间 ▲

二、选择境外设计公司需要注意的问题

　　有时候，选择境外公司给我们带来了新的设计理念及亮点。但是，在设计公司的考察和选择上要充分考虑存在的风险，合理规避由于地域差别而引起的误会。对每个备选的设计公司考察并逐一鉴定，最后通过综合评价做出选择比较稳妥。经过考察之后，业主形成一定的信任度，确定矛盾焦点，明晰责任，将设计进度、质量与付款综合考虑，在合同阶段尽量把可能出现的问题明确下来，这样在合作过程中有章可循，设计质量与效率将显著提高。由于多种原因，境外的设计工作周期时间要长一些。设计的思维与业主的要求能否相通相融，是合作愉快与否的最关键因素。

　　目前，大多数境外的设计机构在国内一线城市均设有分公司、办事处或联络处等，参与包括私人住所在内的设计工作。中国有实力的企业也通过收购、控股的形式，对境外设计机构进行兼并，如苏州金螳螂公司收购了 HBA，上海现代设计集团收购了威尔逊，北京江河创建收购梁志天等。

入户门厅 ▲

主卧室 ▼

茶室 ▲

餐厅 ▼

书房 ▼

三、主创设计师的作用

根据公司规模、管理模式及发展阶段的不同，每个设计公司有一个或多个设计团队，每个设计公司或设计团队有自己独特且擅长的设计风格，设计公司或设计团队的选定就是初步确定了设计的主题与风格。

不论是选择境外的设计师还是国内的设计师，核心就是选择设计的主创人员，就是选择其最擅长的风格，主创人员对整个设计过程的把控起着关键性的作用。同时，设计主创人员的设计与管理水平及团队的领悟配合能力极为重要，对业主的要求应该能够正确的理解，进行合理的设计修改。主创设计师只做方案，后续的具体工作如施工图由其团队成员或其他人完成，再由主创审核，审核水平不一，出图质量也不一致。

由于很多业主不是专业人士，而且每个人对美的理解、认知标准与要求不尽相同，设计师要帮助业主实现他们想要的效果，而不是单纯的设计作品，也不是完全迎合业主。这就需要做到既要尊重业主的想法，又要进行专业的引导，加强沟通，把控整体设计方向，做合理的解释与坚持，以保证最终效果。同时，要避免在空间尺度及色彩上出问题。

起居室 ▼

主卧室 ▲

四、设计环节的重要提示

1. 在提供方案阶段，因功能与效果的个性化要求，有的设计师不能够准确地领会业主的意图，往往会导致方案确定不下来。如果经过 3 次以上的调整，仍没有达到心理的预期，就可以选择其他设计师了。

2. 在出图时间上，由于工作量饱和或者其他原因导致出图没有按约定完成，或者出的图纸不足以满足施工要求的时候，需要考虑是否需要延长时间的

客厅 ▲

卧室 ▼

必要性。

3. 今天的社会化分工极为精细，做方案的不会出施工图，也就是前期做方案设计师是不画后期图纸的。做方案的会审核图纸，审核过程依个人的职业素养和专业水平，最终审出来的图纸差别会很大。

4. 图纸是理论依据，实际实施中要遇到具体问题需进行特定处理。如果图纸把关不严格，后续的麻烦会比较多。

卫生间 ▲

卫生间 ▼

第二章

大设计概念下的室内设计

　　设计，是从室内设计延伸到与大宅有关的建筑设计（建筑外立面、阳光房、雨棚、入户门、窗的设计与选择）、结构设计（建筑结构拆改设计）、室内硬装设计与软装设计、灯光设计、给排水及机电设备的设计，以及私家花园设计的大设计概念。

　　室内设计依托原建筑布局，遵循安全、适用、经济、美观、卫生、先进的原则，对室内空间及平面布置进行完善、调整和再创造的过程。本章主要以室内设计为切入点，认识室内设计，了解设计的内容。

卧室 ▲

一、室内设计的细分

根据专业化设计分工将大宅室内设计再进行细分，可分为硬装设计、软装设计、厨房设计、衣帽间设计、酒窖设计、影院设计及智能家居设计等分项设计内容。软装、厨房、衣帽间的专项设计是在硬装设计的基础上完成的。

1. 硬装设计

对建筑内部空间的六个面的设计，即按照一定的设计要求，进行二次处理，也就是对通常所说的天花板、墙面、地面的处理，以及分割空间的实体、半实体等内

客厅 ▲

卧室 ▼

部界面的处理。广义上讲，我们通常所说的室内设计指的就是硬装设计。

2. 软装设计

指家具、灯具（艺术吊灯）、窗帘布艺、室内绿植的选择及摆放的设计。不仅要使室内空间美观，还要根据业主的生活起居习惯使其日常活动区域更舒适合理，同时满足业主的功能需求和精神需求，而不是品牌家具的随意摆放。

软装与硬装的区别可以理解为可移动与不可以移动的装饰物。

卧室 ▲

卧室 ▼

3. 厨房设计

厨房设计风格根据具体业主需要，可选择同于室内设计的风格，也可以选择不同的风格。厨房的风格具体体现在橱柜门板及五金拉手的选择上。厨房区域内的地面、墙面、顶面的设计属于硬装设计范畴，是由室内设计师完成的。 设计师与业主沟通后，进行厨房使用操作流程（洗、切、配、烧）的设计，明确功能配置，确定橱柜门板样式、台面、五金及厨房电器的选择等。厨房设计也包括厨房内满足使用要求的水、电、气的设计。

厨房 ▲

4.衣帽间设计

衣帽间设计师通过与业主沟通，对业主家中所拥有的服装、鞋、包、饰品等种类和数量有一定的了解后，有针对性地提出设计建议、规划比例，以及综合考虑是否具有梳妆等其他功能要求。

一般情况下，衣帽间的设计风格与整体或相应的卧室设计风格相一致，具体体现在衣柜的门板板型、装饰柱及拉手五金样式选择上。衣帽间内的地面、墙面、顶面的设计也属于硬装设计范畴，是由室内设计师完成的。

衣帽间 ▼

衣帽间 ▼

主卧 ▲

餐厅 ▼

客厅 ▲

5. 其他

与室内设计相关的还有灯光设计、结构改造及设施设备功能相关的专项设计等。

专业灯光设计主要包括照明布置、灯光效果、照度分析、光源的技术参数与选择及设备控制等。

结构改造设计是由取得执业资格证书的结构工程师进行结构拆除与加固的设计。

酒窖、影院、智能家居的设计专业性强，应由专业人员提供专门方案，另行选择后确定。

二、室内设计的主要几个阶段

一般来说，室内设计从概念设计开始，概念方向确定后，进行室内方案的设计，包括平面方案图、效果图、立面方案图。室内方案设计的核心就是室内平面布局的设计，即平面功能布局图。方案图中的平面布置图与吊顶布置图是进行机电功能深化设计的底图。

家庭厅 ▲

1. 平面布局优化及概念方案设计

建筑的原始平面图在室内设计阶段根据需要有些局部优化调整，这部分工作是由室内设计师来完成的。

起初，设计师与业主充分沟通，了解其职业、家庭、情感、喜好等，弄清楚业主的基本需求，做到有的放矢，把握好设计的方向。

平面布局优化及概念方案设计提交的成果主要有设计说明、功能分区流线图（功能分区明确，交通流线简洁和适当的标注）、平面图、平面布局优化和建议、隔墙平面图及家具布置平面图初稿等。

方案设计要说明设计整体思路、理念，语言详尽、准确并简练。效果图保证充分体现设计师的意图，色彩、材质效果逼真，空间不能是虚构的。

卫生间 ▲

影音室 ▼

2. 深化方案设计

方案设计阶段的主要工作是通过对概念设计成果的理解，对规划布局、空间功能布置、装饰形式、户型面积定位及装修风格进行的深化设计。

在方案设计中，通过对图纸的审核、计算，提出初步的工程预算，结合业主的

卧室 ▲

装修意向及标准，做出对图纸的修改意见。这个工作一定要在这个阶段完成，如果
拖到施工图阶段提出改变，将对整体设计进度产生影响，也不利于成本控制。

　　深化方案设计阶段提交的成果主要有：设计说明、平面图、家具平面布置图、
地面铺装方案、主要空间天花方案、立面图等。

3. 施工图设计

施工图是指导现场施工的依据，对图纸的深度及表达是有一定要求的，图纸中表示的装修材料应符合国家标准。施工图设计最重要的是把握装修图纸是否可实施，在与机电专业图进行逐一确定安装高度、位置及走向等内容时，避免出现过程中变更量过大，以免最终导致效果的变化与成本的增加。

施工图的审查是专业人员做的事情，对业主来说有一定的难度。为此，如何保证图纸质量呢？重点是图纸是否完全涵盖了所有房间，包括吊顶高度，地面拼花图案，一些细部的做法是否有节点图，施工图设计说明里所交代的工艺是否可行等。

餐厅 ▼

施工图阶段提供业主的主要成果有：设计说明、图纸目录、平面图、尺寸放线图、立面索引图、家具平面布置图、综合天花布置图、地面布置图、插座开关布置图、立面图、所有设计空间的立面图、重点部位剖面图、节点大样图、物料清单。

施工图要求图面表述规范、清晰。图纸中提供工料准确，做法合理，确保所有数据符合国家规范要求且满足设计意图，保证施工图的完善性，秉持设计覆盖100%的原则，尽可能不甩项。虽然厨房和衣帽间的设计由专业设计师进行的，但是，厨房与衣帽间整体效果要求及硬装的设计应由室内设计师完成，并提供墙面、地面、顶面的施工图。

酒吧区 ▼

4. 专业设计配合

需要室内设计师配合完成的点位有: 空调出风口、检修口位置, 给排水末端点位, 强弱电末端点位, 吊顶、墙面设备末端点位等。

5. 专业交叉部位设计

门厅入口、室外台阶与室内地面交接的设计; 与室内空间相连接的楼梯、踏步、平台的设计; 电梯轿厢内装饰设计。

6. 现场配合

设计师根据要求赴施工现场予以指导, 此阶段设计从图纸阶段转到现场施工阶段, 需要及时与各专业部门之间沟通, 做好专业设计的配合。

7. 现场施工技术指导

8. 家具、配饰、艺术品选择建议服务

根据业主选择需要, 如果软装设计、硬装设计一并完成, 则含在此服务范围之内。

卫生间 ▼

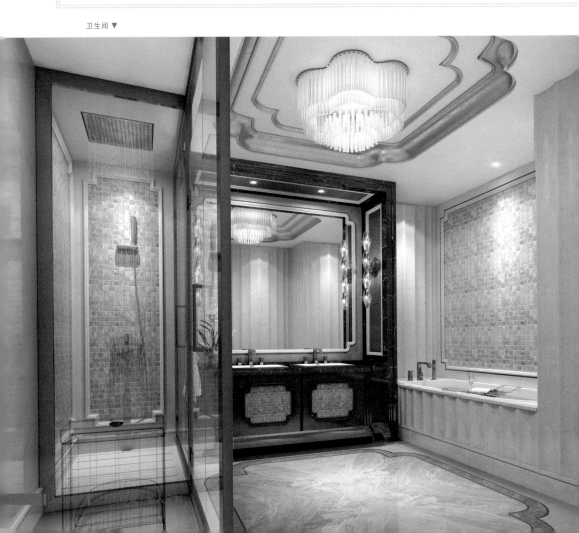

大设计概念下室内与各专业的协调

专业系统	协调要点	与之协调的专业
建筑系统	1. 建筑室内空间功能要求（涉及空间大小、空间顺序、以及人流交通组织等） 2. 空间形体的修正与完善 3. 空间意境气氛创造 4. 建筑艺术网格的总体协调	建筑
结构系统	1. 室内墙面与天棚外露结构的利用 2. 吊顶标高与结构标高（设备净层高）的关系 3. 室内悬挂物与结构构件固定的方式 4. 墙面开洞处承重结构的可能性分析	结构
照明系统	1. 室内天棚设计与灯具布置、照明度要求的关系 2. 室内墙面设计与灯具布置、照明方式的关系 3. 室内墙面设计与配电箱的布置 4. 室内地面设计与脚灯的布置	电气
空调系统	1. 室内天棚设计与空调送风口的布置 2. 室内墙面设计与空调回风口的布置 3. 室内陈设与各类独立设置的空调设备的关系 4. 出入口装修设计与冷风幕设备布置的关系	设备（暖通）
供暖系统	1. 室内墙面设计与水暖设备的布置 2. 室内天棚设计与供热系统得布置 3. 出入口装修设计与热风幕的布置	设备（暖通）
给排水系统	1. 卫生间设计与各类卫生洁具的布置与选型 2. 室内喷水池、瀑布设计与循环水系统的设置	设备（给排水）
消防系统	1. 室内天棚设计与烟感报警系统的布置 2. 室内天棚设计与喷淋头、水幕的布置 3. 室内墙面设计与消防栓布置得关系	设备（给排水）
交通系统	1. 室内墙面设计与电梯厅门洞的装修处理 2. 室内地面及墙面设计与自动步道的装修处理 3. 室内墙面设计与自动扶梯的装修处理 4. 室内坡道等无障碍设施的装修处理	建筑电气
广播电视系统	1. 室内天棚设计与扬声器的布置 2. 室内闭路电视与各种信息播放系统的布置方式（悬、吊、靠墙或独立放置）的确定	电气
标志广告系统	1. 室内空间标志或标志灯箱的造型与布置 2. 室内空间中广告或广告灯箱的造型与布置	建筑电气
陈设艺术系统	1. 家具、地毯的使用功能配置，造型、风格、样式的确定 2. 室内绿化的配置方式的品种确定，日常管理方式 3. 室内特殊音响效果、气味效果等的设置方式 4. 室内环境艺术作品（绘画、壁饰、雕塑、摄影等艺术作品）的选用和布置 5. 其他室内物件（公共电话罩、污物筒、烟具、茶具等）的配置	相对独立，可由室内设计专业独立构思或挑选艺术品、委托艺术家创作的配套作品

三、需要关注的设计重点

1. 平面布局优化及概念方案设计（房间功能定位、平面布局图、设计理念、意向效果图片、色彩、功能划分建议）
2. 深化方案设计（平面布置图、吊顶布置图、效果图、材料样板说明）
3. 软装配饰方案设计
4. 机电功能配置选型方案设计（空调、新风、锅炉、地采暖、泳池设备、水处理、中央吸尘等）
5. 厨房设计及厨房电器配置方案（由橱柜公司完成）
6. 衣帽间功能及风格设计（由衣柜制作厂家完成）
7. 专业灯光设计（灯光效果、照度分析）、室内灯光、景观灯光、建筑灯光
8. 智能家居专项设计
9. 酒窖专项设计
10. 家庭影院专项设计
11. 卫浴洁具及五金选型配置方案
12. 门锁及五金选型方案
13. 金银箔、艺术漆方案
14. 楼梯栏杆扶手的设计
15. 入户门、车库门门设计
16. 护墙板专项设计
17. 壁纸选型方案
18. 地毯/木地板/橡胶地板/地坪漆方案
19. 软/硬包布、皮方案

客厅 ▼

四、了解机电设备功能布置图

    室内设计的图纸是未来指导施工的依据，为了保证装修效果，在室内设计施工图出图之前，明确各个功能设备分布，特别是一些功能性图纸，要一一核对确认。这些图纸均关系到后续使用及维修、检修，也是装修细节所要把控的一个主要部分，以便今后改造或出现问题时查找原因。主要功能的点位与图纸有：

    1. 配电箱（含弱电机柜）位置图

    2. 分集水器控制布置图

    3. 中央吸尘末端布置图

    4. 空调风口（送风、回风、新风）末端布置图

    5. 检修口布置图、排风扇位置分布图

    6. 各类开关（照明、空调、地暖等）控制图

    7. 智能家居系统布置图

    8. 可视对讲、电动窗帘及红外探测器布置图

    9. 电梯指示按钮呼梯底盒位置

    10. 燃气管道（含报警装置）施工图

    11. 锅炉设备管道施工图

    12. 门（含自闭门、防火门）的分类平面图

    13. 艺术灯具吊杆安装预埋图

    14. 其他功能图（有些图纸可以合并在一张图中表示）

主卧室 ▼

室内设计阶段服务流程及内容

设计阶段	工作内容	说明
业主沟通阶段	项目建议书	通过沟通，了解业主对设计的初步需求，特别是风格与效果的要求
概念设计阶段	风格概念设计 布局概念设计 色彩概念设计	经过充分沟通，领会业主对设计的要求，项目建议书与概念设计阶段可以合并成一个阶段
扩初设计阶段	风格设计定稿方案 布局设计定稿方案 色彩设计定稿方案 主空间效果图设计 其他空间参考设计 主要材料方案设计	扩初设计是在概念设计基础上展开的进一步设计
深化设计阶段	所有空间立面设计 所有空间平面设计 强、弱电点位设计 设备端口点位设计 家具布置设计 灯具布置设计 挂画布置设计 地毯布置设计 布艺搭配设计 饰品状态设计 其约定效果图设计 主要材料样板设计	为了保证整体设计进度合理，深化设计阶段往往与扩初图阶段合并成一个阶段
施工图阶段	施工图设计说明 原始平面布局图 调整平面布局图 墙体拆改布局图 顶面布局图 地面铺装图 水、电点位图 设备端口点位图 立面造型图 主要造型大样图 主要结构剖面图 主材清单列表 配饰清单列表	施工图是实现设计效果的核心，是指导现场施工的依据

备注：各阶段设计及图纸可根据设计表现手法合并。

餐厅 ▲

施工阶段设计服务流程及内容

工作阶段	工作内容	说明
图纸会审	图纸会审	参加业主组织的与各施工单位的图纸审查，主要核心是解决空调等机电对吊顶高度的影响。通过图纸会审，在实施前修改完善设计图纸
现场交底	设计交底	装修施工正确的理解设计意图，并沟通设计效果的呈现与设计有关技术问题
	技术交底	
材料确认	材料样板审核	确认由施工方、供应商等根据设计样板提供的施工样板
技术指导	技术指导	解决施工过程中，现场与设计存在的问题，修正、确认施工做法，必要时提出设计变更与修改方案
中期验收	中期效果验收	参与业主组织的造型基层验收
尾期验收	效果验收	参与业主组织的竣工验收，对完成的效果提出相关意见

会客厅 ▲

次卧室 ▼

第三章
功能设备与配置

社会发展引领科技大宅的时尚潮流，在装修活动中，每位业主除了需要关注室内设计与装饰施工外，还应对住宅中所具备的机电配置功能有所了解。

客厅 ▲

一、空调、新风、地暖、锅炉、中央吸尘及泳池设备

中央空调系统、中央新风系统、地面辐射供暖系统、锅炉热水系统、中央除尘系统、水处理系统、同层排水系统、泳池及 SPA、干蒸、湿蒸、水疗、温泉水处理系统、消防系统、地源热泵系统。

二、智能家居

智能灯光系统、电动窗帘系统、室内环境温度控制系统、安防及远程监控系统。

三、家庭影院、酒窖、壁炉

降噪系统、景观水不结冰系统、道路融雪系统。

（一）中央空调系统

　　中央空调是由一台主机通过风道过风或冷热水管接多个末端的方式来控制不同的房间以达到室内空气调节目的的空调。采用风管送风方式，用一台主机即可控制多个不同房间并且可引入新风，有效改善室内空气的质量，预防空调病的发生。家用中央空调的最突出特点是提供舒适的居住环境，其次从审美观点和最佳空间利用上考虑，使用家用中央空调使室内装饰更灵活，更容易实现各种装饰效果。中央空调分为水系统中央空调和多联机（氟系统）中央空调两大类。

　　中央空调选择原则：

　　1. 空调首选舒适度好的。水系统比氟利昂系统效果要好一些。

2. 选择期初投资和运行费用综合起来较为经济的品牌。

3. 选择售后服务口碑好的厂商。

备注：空调系统在室外温度过低的情况下，由于能效衰减，不能完全代替锅炉及市政供热采暖的效果。冬季采暖不能单依靠中央空调，也是这个缘故。

中央空调知名品牌有：

氟机以日系品牌为市场高端主导：大金、三菱、日立、松下等；水机以欧美系品牌为市场高端主导：约克、麦克维尔、开利、特灵等。

国产家用机一线品牌：

美的——产品类型全，经济实惠；

海尔——具有全国最大、最系统的优质售后服务团队；

格力——拥有国家投资的研发团队，研发能力强、技术实力过硬、质量可靠。

（二）中央新风系统

中央新风系统是一套可以使室内空气循环的系统，排出室内污浊空气的同时引进室外的新鲜空气，并能以热交换的形式将室内外排的污浊空气中的热量置换回来从而达到室内温度均衡，大大降低了室内的冷热能量损失。

目前，随着高品质高气密性住宅的日益增加，周边的空气环境也随之变化。很多家庭装修、生活物品霉变、细菌滋生、室内空间密闭导致憋闷缺氧等问题引起的室内空气污染严重，而新风系统作用下的空气循环可以把室内的污染空气排到室外，而把室外的新鲜空气送到室内。中央新风系统换气不仅仅是排去污染的空气、具有换气功能外，还具有有除臭、除尘、排湿、调节室温的功能，从而保证了人们身体健康。

新风系统的选择要点：

1. 投入成本与超静音效果的比较分析；

2. 风量大小的确定；

3. 新风主机的安装位置；

4. 进、排风口的位置。

新风系统的主要品牌有：兰舍、爱迪士、霍尼韦尔、大金、松下、威柯等。国产的还有亚都、环都、美的等。

为保证送风的洁净卫生及使用安全，建议选用洁净风道、出户的进排风口加设防虫网、具有过滤 PM2.5 功能的产品。并且定期请专业人员进行管道及设备的检查清理。根据实际需要，可在新风系统末端增加香薰功能，使室内空气弥漫花香的味道。

（三）地面辐射供暖系统

地面辐射供暖系统以整个地面作为散热面，地板在通过对流换热加热周围空气的同时，还与人体、家具及四周的维护结构进行辐射换热，从而使其表面温度提高，达到取暖效果。

地面辐射供暖系统一般分为两种形式，一种是水暖管采暖系统，一种是电采暖系统。两种形式主要区别在于同等热量所需要的时间与所消耗的能量转化不同。一般的做法是房间内大部分采用水采暖，局部空间如卫生间采用电采暖，或全部采用水采暖，或局部重要房间（南方地区）采用电供暖。值得提醒的是长时间大面积采用电采暖系统供暖用电量会高些。

分集水器品牌： 卡莱菲、丹佛斯、欧文托普等。

地暖管材品牌： 乔治·费歇尔、伟星。

地暖的布设需根据热负荷、家具遮挡系数及门窗设置和楼层进行专业设计，以确保达到理想的采暖效果。

近些年，地板采暖系统出现一种新的形式，叫毛细管网超薄地暖系统，并与中央空调、新风三者相结合起来，形成毛细管网空调系统，可取代传统的三套单独系统的新型模式。

卧室 ▼

（四）锅炉热水系统

　　主要有电锅炉、燃气锅炉、燃油锅炉、燃煤锅炉，多数住宅中用燃气锅炉居多。

　　燃气锅炉的特点是高效、清洁、环保，无需人工操作，只需要监控即可；占地少无需运输燃料，无需处理煤灰；因天然气燃烧无杂质，对锅炉及相关配件无腐损，锅炉寿命长，规定为 15 年，但基本上是可以长期使用的。燃气锅炉是现在的主流锅炉。

　　燃气锅炉品牌：皓欧、威能、博世、菲斯曼、法罗力、艾欧史密斯等。

会客厅 ▼

选择锅炉时的提示：

家用室内锅炉需选用密闭性强的排式，确保使用安全。放置壁挂炉的房间最好有通风良好的阳台。

在采用锅炉进行热水供应的系统时，需加设换热式储水罐，已确保热水的稳定供应，热水罐的选用需根据室内使用热水的需求量及安装空间进行选型。

小型家用落地式锅炉如设置在地下室，需另加设一套事故强制排风系统，并且设备间内的灯具及电机宜选用防爆型。

卧室 ▼

书房 ▲

（五）中央吸尘系统

中央吸尘系统的概念就是主机和吸尘区分离，并将过滤后的空气排到室外。这样不仅解决了室内卫生不良状况，还杜绝了除尘之后的二次污染。中央吸尘系统需要将吸尘主机放置在一个卫生要求低的场所，如：地下设备层、车库、清理间等，将吸尘管道嵌至墙里，在墙外只留如普通电源插座大小的吸尘插口，当需要清理时只需将一根软管插入吸尘口，此时系统自动启动主机开关，大小灰尘、纸屑、烟头、有害微生物，甚至客房中的烟味等不良气味，都经过严格密封的管道传送到中央收集站。其清洁处理能力是一般吸尘器的 5 倍。

选择原则： 对于别墅，主要采用分户式主机；

对于高层住宅，可选择集中式和分户式两种主机产品。

主要品牌： 碧幕、爱迪仕、卓维。其他品牌还包括，霍尼维尔、布朗、爱尔特等。

在装修隐蔽前对管道及设备进行运转试验，检查各吸尘口处的风量，检查管道、吸尘口是否有漏风情况。建议配备优质的可以伸长的吸尘管道。

高级吸尘系统不仅仅能吸灰尘，还能吸水、清洗地毯和沙发，并自动清洗吸尘管道，避免管道内形成二次污染。

水吧 ▲

衣帽间 ▼

（六）水处理系统

水处理系统包括净水系统、软水系统和直饮水系统。净水、软水、直饮水是指水经过特定的设备过滤后具有不同成分、不同功用的水。

以滨特尔品牌水处理器为例，市政自来水入户后预留出一龙头用于浇花、洗车等，随后总管接前置过滤器、接中央净水器后分两路，一路至软水机，用于生活用水，另一路接厨房，并在在橱柜下接二次净化或纯化设备。

那么，什么是软水？软水是指水的硬度低于 8 度的水。软水中含有的可溶性钙、镁等化合物较少。软水可以令头发更柔软，以软水淋浴也使人较为舒畅，并且红茶适合以软水冲泡。

水净化后的直饮水系统可选择紫铜水管材，紫铜水管具有强度大、韧性好、延展性强、过流能力强、使用寿命长等技术特征。铜制管材及其配件坚固密实，铜的表面形成了一层密实坚硬的保护层，无论是油脂、碳水化合物、细菌和病毒、有害液体、氧气或紫外线均不能穿透它，也不能侵蚀它而污染水质；寄生物也不能栖息于铜表面使其软化。紫铜还具有独特的杀菌特性，使停留于管道内的水能够保持洁净、卫生，其含有的微量铜离子有利于人的身体健康，并有抑制水中细菌的功能。实验证明 99% 的细菌在进入铜管系统中 5 小时内便会消失，这是塑料管道做不到的。

水处理设备主要品牌有汉斯顿、法兰尼、艾普斯、沁园、滨特尔、怡口等。

（七）同层排水系统

同层排水是指卫生间内的卫生器具排水管（排污横管和水支管）均不穿越楼板进入他户。在同楼层内平面施工敷设使得污水及废弃物的排放达到或超过同类排水方式，顺利进入排水总管（主排污立管），一旦发生需要疏通清理的情况，在本层内就能解决。

这里需要提醒的是，非降板同层排水模式的马桶是离地安装的，需要选择墙排水形式的马桶。

主要品牌产品：吉博力、威文（WAVIN）。

三大优点：减少楼上排水噪音，减少楼上管道滴漏影响楼下使用的情况，无传统座便器后的卫生死角。

（八）消防系统

住宅消防系统常设置在公共走道和地下车库中，主要有消火栓、安全疏散指示标识、烟感、喷淋等。住宅内部根据需要常常设置有烟感和火灾报警装置，并与社区物业监控室联动，当发生火灾时，报警后第一时间反馈到物业公司，物业人员采

卫生间 ▲

取相应的措施，组织灭火。

（九）地源热泵系统

地源热泵是一种利用地下浅层地热资源（也称地能，包括地下水、土壤或地表水等）的既可供热又可制冷以及生活热水和泳池加热的高效节能的集成热泵系统。地源热泵通过输入少量的高品位能源（如电能），实现低温位热能向高温位转移。

地能分别在冬季作为热泵供暖的热源和夏季空调的冷源，即在冬季，把地能中的热量取出来，提高温度后，供给室内采暖；夏季，把室内的热量取出来，释放到地下去。通常地源热泵消耗 1kW 的能量，用户可以得到 4 ～ 5kW 以上的热量或冷量。与锅炉（电、燃料）供热系统相比，锅炉供热只能将 90% 以上的电能或 70 ～ 90% 的燃料内能作为热量供用户使用，因此地源热泵要比电锅炉加热节省三分之二以上的电能，比燃料锅炉节省约二分之一的能量；由于地源热泵的热源温度全年较为稳定，一般为 10℃ ～ 25℃，其制冷、制热系数可达 4 ～ 5，与传统的空气源热泵相比，要高出 40% 左右，其运行费用为普通中央空调的 50% ～ 60%。地源热泵系统的能量来源于地下能源，它不向外界排放任何废气、废水、废渣、是一种理想的绿色空调，被认为是目前可使用的对环境最友好和最有效的供热、供冷系统。该系统无论在严寒地区或热带地区均可应用。大宅别墅领域在有条件的情况下采用比较多。

（十）智能家居系统

智能家居可以简单的解释为一个集成化、智能化的家居空间，而不是说某个设备有多么智能。一个好的智能家居系统就是一个非常好的智能集成方案。

1. 智能灯光系统

智能灯光系统通过各种类型的控制模块控制灯光的开关及明暗。通过各区域的触摸屏及面板进行操作，同时可预设模式。如：日常模式、离家模式、会客模式、节能模式等。节能模式是通过占用感应模块接收到的信号控制室内的灯光开关，当房间内没有人后，灯光自动慢慢的熄灭，达到方便、节能的效果。

2. 电动窗帘系统

电动窗帘系统对家居不同区域、房间的门窗帘及遮阳篷的控制；也可以根据不同的场景、不同环境进行模式设定，通过简单的操作就可实现整体模式的控制。在不同照度情况下，将窗帘调节到不同的开关幅度，以保证室内的光度与亮度效果。

3. 室内环境温度控制系统

通过与中央空调等设备系统的接口，可以实时探测到室内的温湿度值，根据季节情况或选择的温度、湿度模式实现对房间的气候进行自动恒温调节。各种场景的定制，如当选择睡眠环境时空调系统和灯光系统会协同调整到主人自己定制的睡眠环境，灯光变暗，空调调节到睡眠状态。

通过控制主机甚至可以根据不同季节自动调节环境，将从繁琐的环境控制中解脱出来。

4. 安防及远程监控系统

通过主机可以将来自安防系统中的各类传感器（如烟感，移动探测，玻璃破碎探测，门磁等）和门禁、可视对讲、监控录像等系统连接起来，通过触摸屏可以随时监控和操作，并且可实现远程控制。

安防系统在出现意外时提供紧急预备方案

◇ 当火警爆发时，打开逃生通道，点亮所有逃生照明，同时启动灭火系统等；

◇ 当非正常情况下有人入侵，系统从安防主机或探头获取信息后通过网络或电话向相关部门报警，并同时控制灯光闪烁，关闭小偷所在区域，将小偷困在里面等待相关人员到达；

◇ 当有盗窃犯徒闯入时，还可以自动启动或通过电脑远程启动室内的音视频设备、灯光系统等以吓退盗窃犯徒。

集中所有的安防系统可以让居家的环境中减少墙面上各种显示设备，各种对讲设备以及各种面板开关和一些自厂商的操作面板，使得杂乱无章的墙面变得整洁，只需使用触摸屏控制所有的安防系统，使操作也变得非常简单。安防与远程控制结合使得远程控制得以实现。

"智慧"的家居生活，很重要的一点就是主人无需控制任何设备，过滤所有操作过程，屋内系统自动运行并为主人提供舒适、便捷、温馨的居家、办公环境。此次项目也是从此点出发，实现了自动感应系统功能。

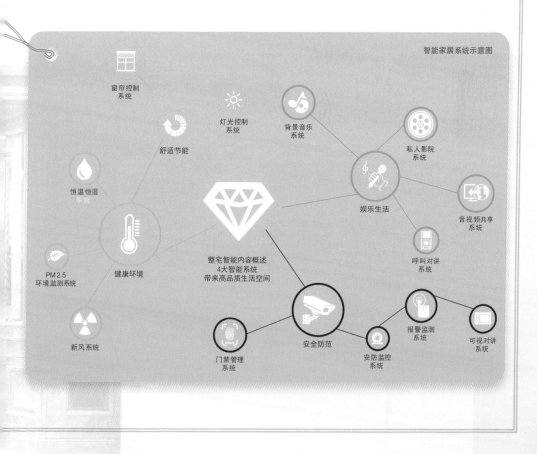

智能家居系统示意图

窗帘控制系统

灯光控制系统

背景音乐系统

私人影院系统

舒适节能

恒温恒湿系统

娱乐生活

音视频共享系统

PM 2.5环境监测系统

健康环境

呼叫对讲系统

整宅智能内容概述
4大智能系统
带来高品质生活空间

报警监测系统

可视对讲系统

新风系统

门禁管理系统

安全防范

安防监控系统

（十一）家庭影院

1. 家庭影院的定义

家庭影院是指由环绕声放大器（或环绕声解码器与多通道声频功率放大器组合）、多个（4个以上）扬声器系统、投影机、投影幕及高质量 A/V 节目源（如 4K 高清播放机、蓝光机、院线服务器等）构成的具有环绕声影院视听效果的视听系统。家庭影院器材分为视频与音频两大部分。

2. 为什么需要家庭影院

对于使用者来说，去电影院观影意味着要在影片放映的时间被动分配自己的时间，对于影片和环境也只能被动接受，所以要达到自己满意的观影效果也就成了难题。当你拥有了一套自己的家庭影院，这些问题将迎刃而解！在家即可享受大片震撼。

拥有了一套家庭影院系统之后，在繁忙的工作结束之后，或邀上三五好友，或

家庭厅 ▼

独自准备一杯香茗，取出你想看的蓝光电影光盘或着在硬盘中选择自己想看的影片，打开相关的一些设备，即可感受到精神上的富足与美好。某个细节特别精彩？可以选择重新播放。有事需出去片刻？选择暂停回来继续播放即可……高品质的家庭影院系统在便捷的同时对影音效果的损耗也非常小，享受近乎完美的效果。

3. 如何搭建一套专属于自己家庭影院

第一步：分析现状，确定目标。

首先需要了解清楚家庭影院要在哪个房间搭建，家庭影院的整体风格是什么样的，是否能跟您家的整体风格相吻合。这些确定之后，需要了解的就是房间的构造、投入资金的数目和需要达到的效果。当然，一般情况下投入资金的多少和最终达到的效果是成正比的，也就意味着投入越多的资金便能享受到越加出色的效果，但是对于消费者来说，"量力而行"才是最重要的。

第二步：影音顾问制定方案。

一个好的家庭影院并不单单是影音设备本身，更不是昂贵设备的简单堆砌，而是奢美的影院风格室内设计与慎密的声学设计，合理的器材配置达成完美结合的艺术形式。现在的最为流行的就是嵌入式订制安装的私人影院。

第三步：与影音顾问沟通，确定方案。

结合房间结构、投资额度以及期望达到视觉及听觉的效果，根据需求量身订制。

根据需求提供相应的声学处理方案，以及视频系统将采用什么投影机、投影幕以及信号源，音频系统是 5.1 声道、7.2 声道、9.4 声道还是杜比全景声构成，这一切都将满足业主需求。

第四步：安装，调试。

家庭影院的安装和调试是一项非常专业的工作，如何在众多的影音公司中找到一家技术实力最强的公司需要您的智慧。如何把如此多的器材摆放到最合适的位置并不是一件简单的事，专业工程师将帮您很好的完成这项工作。安装之后如果想将这些设备都发挥出最大功效还需要进行调试。对于专业级用户来说，现在家庭影院的调试工作已经上升到"学问"的高度。当专业的工程师安装调试后，一套专属于您的私人订制家庭影院将呈现在您的面前。

（十二）电梯系统

业主使用的电梯分为独立电梯系统和公共电梯系统：别墅中常常配置独立电梯，为私家住宅上下楼使用；公共电梯系统就是小区内电梯为一梯两户或两梯四户使用等。电梯的设计包括指示按钮的设计及轿厢装修的设计，并对装修重量也有一定的限制。

独立电梯系统优选节能、安全、环保、低噪音等特点的无机房电梯，业主也可以根据需要在电梯内设置监控系统，将监控画面传达至总控室。

公共电梯系统除独立电梯具备的功能外，同时在小区监控中心配备电梯运行监控系统，电梯运行状态全部采用电脑监控，如有故障会第一时间反映至相关人员那里，得到及时的解决。

别墅电梯有液压电梯与曳引电梯两种。主要品牌有日立、迅达、蒂森、奥蒂斯、三菱等。

（十三）泳池、SPA、水疗、干蒸、湿蒸、温泉水处理

根据业主的功能选择及室内设计的基本条件，由专业厂家配合专业设计，确定机房、水循环、水质等各方面的要求。

泳池的主要系统设计包括水质循环过滤系统、水质消毒系统、池体消毒系统、泳池溢流系统、水下照明系统、主要设备材料清单等。

SPA 水疗的基本原理：

利用不同温度、压力和溶质含量的水，以不同方式作用于人体以防病治病的方法。水疗对人体的作用主要有温度刺激、机械刺激和化学刺激。按其使用方法可分浸浴、淋浴、喷射浴、漩水浴、气泡浴等；按其温度可分高温水浴、温水浴、平温水浴和冷水浴；按其所含药物可分碳酸浴、松脂浴、盐水浴和淀粉浴等。

各国 SPA 水疗特点：

欧洲的温泉水疗以医学治疗目的为主；美国的温泉水疗以侧重于休息；法国水疗注重全方位的重建健康；泰国经典水疗具有传统的草药法与现代西方医疗技术独特结合的特点。

SPA 水疗的水温：

a. 无感温度：约 35℃ ~ 36℃；b. 热水浴温度：37℃ ~ 40℃；c. 冷水浴温度：25º 以下。

干蒸、湿蒸设计为独立房间，控制房间内温湿度从而加快人体血液循环，使全身各部位肌肉得到完全放松，达到消除疲劳、恢复体力、焕发精神的目的。

温泉水处理系统是通过对地下温泉水的过滤、净化后应用于与泳池、SPA 水疗的专业设备，满足人体健康使用的系统水处理设备，多适用于别墅项目中。

（十四）酒窖系统

酒窖是专门储藏酒品的场所。在室内设计中，酒窖一般设置在地下室。酒窖要求恒温 - 恒湿，以保证储藏的酒品的品质长期不变。

酒窖储藏酒品的温度以红酒为例，红酒一般维持在 12℃ ~ 18℃，香槟一般在

泳池 ▲

前厅 ▼

卫生间 ▼

卧室 ▲

娱乐室 ▼

会客厅 ▲

6℃～10℃，湿度在 70% 左右。温度均衡的条件下，比较忌讳温度波动频繁，应避免强光及长时间的光线照射，避免不良气体影响，同时需要空气更新净化。酒架一般用橡木或花梨，平放存储（斜放应控制在 30º 以内，15º 左右最佳），长时间存储时应将酒瓶定期转一个方向储存，一般一年左右调换一次。

酒窖内部装修，依照天然的储酒窖为装饰，达到仿地窖环境，做到隔离、防水、防潮等效果，让专业与艺术完美结合。同时要采用柔光，防止紫外线对红酒的损坏，并结合灯光工程，让酒窖尽显华丽气派。

酒窖的装修要素主要有：保温门及门套、地面艺术砖、墙面文化砖、天花机理漆、墙体顶面地面保温层、酒架、专用恒温恒湿设备及酒窖新风系统。

书房 ▲

餐厅 ▲

酒窖中，木质酒架的特点：

1. 纯实木结构、精细打磨、木榫连接、无油漆及化合物附着表面。

2. 主立柱为 40×25 木方、四角倒圆弧，副立柱为 20×20 木方，与主框架连接。

3. 原木木榫连接，所有主框架连接为家具五金件三合一。

酒架常常采用花梨木，巴西花梨的特点：气干密度约为 0.80 ~ 0.86g/cm³、湿材达到 1.4g/cm³；木材具光泽、无特殊气味、纹理斜至交错、美观效果佳、结构细而均匀；木质坚实、色彩温润。

（十五）壁炉

壁炉分为燃木壁炉、燃气壁炉、酒精壁炉及电壁炉。在高端住宅设计中，常常会设计到壁炉，每种壁炉的效果略有不同，最真实的壁炉为燃木真火壁炉。

（十六）景观水不结冰系统

景观水不结冰系统主要通过景观水池底及池壁敷设发热电缆在冬季给景观水系进行加热，同时采用防冻专用温控系统控制景观水池内水表温度，达到不结冰的目的，使冬天仍可以与流水相伴。大宅的私家花园根据业主的需求，可以选择配置。

（十七）道路融雪系统

私家花园入口、车库坡道及景观道路安装发热电缆融雪系统。该系统是将发热电缆埋设于道路混凝土中，通过电缆对道路加热，并通过设置在地下的冰雪探头控制地表的温度和湿度。在冬季自动启动该系统，即可随时将落到地面的雪融化掉，保证出行安全。此项功能根据大宅业主的需求，可选择配置。

（十八）其他系统

其他系统包括车库停车系统、庭院门自动控制系统等。

第四章

工匠技艺，匠心营造

工匠，有工艺专长的匠人；匠人，泛指有手艺的人。

曾经出现在营造领域的匠人有木匠、瓦匠、石匠、铁匠、雕匠、画匠等，现在泛指木工、瓦工、油漆工三大工种组合而成施工队。木匠、泥水匠、铁匠尊鲁班为祖师。称呼随着社会发展有所改变，其实质没有变。现代科技虽然改变了生活，但是人们追求产品的精雕细琢、精益求精的诉求越来越强烈了。近些年"私人定制"兴起，"工匠精神"逐步回归，工匠精神就是脚踏实地、一丝不苟、精益求精、一心一意地做手艺。只有静下心来做好一件事，做精一件事，才能做出一流的作品。大宅营造，需要找到匠人，具有工匠境界的施工队伍，才能打造具有文化传承意义的住宅大格局。

从管理模式分析，装修公司一般分为两类：一类是完全公司行为的企业，即项目经理是现场施工最高管理协调人，项目管理成员及劳务队伍由公司选派，材料采购和资金的使用也由公司专人负责；另一类是该项目的负责人即企业的业务承包人，项目经理是实施者，业务承包人与项目经理可以是一个人，也可以是业务承包人委派到现场负责管理的协调人，这种管理模式下的项目经理有一定实权，有权决定劳务队伍及材料采购，以及项目资金的使用等。

一、施工队的选择原则

1. 了解其近 1~3 年内已完成的项目。已完成的项目的状态能够反应出该公司在装修质量上是否存在问题，经过时间的变化，哪些是不可避免的问题，哪些是因为管理、素质、能力而产生的质量问题。

2. 了解近期的施工现场。就是要了解现场管理的基本情况，包括材料的堆放、安全文明施工、施工做法等方面。

3. 对目标项目管理团队进行面试。了解团队组成，性格特点。项目管理团队的人员整体素质及项目经理工作态度、作风与能力，专业水平，（重点岗位需持证上岗）对项目最终效果的呈现都有一定影响，与业主沟通配合上是否能够让业主满意，也是评价选择的一个重要部分。

通过以上三点的考察和考核后，结合报价，再做出比较分析后进行选择。

二、施工过程中管理的要点

精装修施工可以分为四个阶段：

1. 图纸深化和设备管线施工阶段

2. 基层处理阶段

3. 主要饰面材料施工阶段

4. 后期维修阶段

客厅 ▲

客厅 ▼

儿童房 ▲

1. 图纸深化和设备管线施工阶段

一般情况下，施工单位承接了施工任务后，开始熟悉相关的设计图纸，有些室内设计公司提供的材料存在图纸不全、设计节点缺失、标注不明确等问题，这就需要施工单位进一步深化，并与设计公司再确认。图纸深化可由设计公司完成也可由施工队完成，图纸深化是必须经历的环节。

施工队伍进场后，对图纸和现场进行复核，设计师为了实现装修效果，往往会对原有的房间布局进行调整，就避免不了施工的拆改，如果涉及到承重结构改动，还需要由专业的、具有特种资质的拆除加固队伍来完成。根据《建筑装饰装修工程

儿童房 ▲

质量验收规范》（GB50210—3001）第 3.1.5 条规定："建筑装饰装修工程设计必须保证主建筑物的结构安全和主要使用功能。当涉及主体和承重结构改动或增加荷载时，必须由原结构设计单位或具备相应资质的设计单位核查有关原始资料，对既有建筑结构的安全性进行核验、确认。"管线施工是在平面结构确定的基础上开展的，需与室内设计共同确定。空调及新风的管道走向对吊顶高度的影响是很大的，解决好空调风道高度及走向问题，基本上就解决了室内吊顶高度的核心问题。

设计师提供的样板材料经由施工单位查找后，再交由设计师确认，并经业主认可。主要有石材、木作、壁纸、门、五金等。

2. 基层处理阶段

装修基层质量作为面层质量的基础，这部分工作需要有一定的专业知识，才能发现是否存在问题，如主要木质材料的防火处理；卫生间的防水、闭水试验；电管穿线；预留预埋部位的牢固程度等。在隐蔽工程之前应对基层的处理逐一查看，必要时拍照做好记录，以备留存。业主不是很明白的可以请专业人士提供帮助。

3. 主要饰面材料施工阶段

这个阶段里，做好成品保护是最重要的，同时需对细节的收口加以重视，保证

客厅 ▼

细节，保住节点。施工作业经过再细分可划为：刷乳胶漆，贴壁纸，地面铺石材、地砖，卫生间贴瓷砖等工作。其他的橱柜、衣柜、卫柜、木地板、护墙板都可以是场外订制加工，现场拼装。这就是项目技术管理由重点管操作工人转向重点管施工深化设计和供应商配套的总成装配式施工模式，即装修施工工业化。以新概念、新技术、新材料、新方法、新信息为支撑，及时汇总各项目各类有效设计节点、进行汇编，形成比较规范、成熟的标准模块和做法，及时推广普及，像装配汽车一样装修房子，从而提高装饰加工质量水平，生产出高精度产品。

卫生间 ▼

会客厅 ▲

4. 后期维修阶段

国家对工程保修期的有关规定，根据国务院颁布的《建设工程质量管理条例》第四十条的规定，在正常使用条件下，建设工程的最低保修期限为：

（1）基础设施工程、房屋建筑的地基基础工程和主体结构工程，为设计文件规定的该工程的合理使用年限；

（2）屋面防水工程、有防水要求的卫生间、房间和外墙面的防渗漏，为5年；

（3）供热与供冷系统，为2个采暖期、供冷期；

（4）电气管线、给排水管道、设备安装和装修工程，为2年。

其他项目的保修期限由发包方与承包方约定。建设工程的保修期，自竣工验收合格之日起计算。

保修期间出现的问题，施工单位有义务在规定的时间内到场提供维修服务，在合同中也有相关约定，包括工程质保金的支付条件等。

如果过了质保期出了问题该如何解决呢？在这样的情况下，如果原施工单位依然愿意继续服务的话，可由原单位进行处理，原单位因某种原因不能继续服务可另行安排其他人员帮助解决。有时候，需要提供装修时的有关图纸，特别是隐蔽起来的机电、管线的施工图，便于查找出现的问题，提供合理有效的解决方案。

三、施工过程变更的处理

在现场施工时，经常出现需要调整、改动的情况，一般情况下，依照业主要求调整，对原设计内容进行修改、完善、优化，也有因图纸与实际现场有出入，需要进行设计调整。

无论哪种形式，业主须知情、且确认后再实施。因为设计变更一般情况下均会涉及施工费用的调整，从而影响业主的造价投入。

同时，在施工过程中，因非设计本身的原因而引起的改动，也会出现现场增加的工作量，这样产生的费用，每次需了解确认。比如室内管线的敷设，实际的敷设长度与理论图纸有区别，在施工过程中予以核定实际工作量，避免后期费用增加过大而引起不愉快的事情。

卧室 ▼

会客厅 ▶

家庭厅 ▲

四、施工验收的质量要求

　　装修施工质量一般分为材料质量、施工隐蔽的质量及观感质量。材料质量，主要看是否选用符合国家及行业标准的装饰装修材料，以保证施工的质量。这些材料主要从价格、品牌以及合格证、质保书、检测报告中了解质量状况；施工过程隐蔽的质量如卫生间防水、厨房烟道的封堵、墙面基层的牢固程度等是否满足要求；观感质量是装修完成后呈现的表面质量，比如壁纸的接缝、墙面的平整度、阴阳角的垂直度等。

餐厅 ▲

　　对施工质量的要求，国家制定了相关的规范、标准，了解这些规范和标准，有利于把握质量控制的要点，保证施工全过程的质量控制。主要规范有《建筑装饰装修工程质量验收规范》（GB 50210—2001）、《住宅装饰装修工程施工规范》（GB 5024—2002）、《建筑内部装修设计防火规范》（GB50222—2001）、《建筑内部装修防火施工及验收规范》（GB50354—2005）等。主控项目是必须要符合要求的。

五、需要关注的几个细节

装修细节——防水

解决渗漏水的办法，首先要对渗漏部位进行查找分析，有的放矢，彻底地解决渗漏问题。

漏水点分析：

1. **直接防水层破漏**：卫生间等需要做防水的房间由于施工过程中造成防水层破坏，导致装修使用后出现渗漏。

2. **地暖管漏水**：地暖施工一般要求带压施工。在施工过程中，由于工人的操作不当，使用电钻或其他设备坠落后使地暖管破坏，经修复后仍为漏水点。

3. **卫生间墙壁外侧渗漏**：卫生间内墙防水未做好，导致对面外侧墙面渗水或反洇。

4. **管根处渗漏**：穿楼板水管管根封闭不密实，导致下层板顶渗漏。

5. **隔壁墙面通过穿墙管漏水**：隔壁房间或业主因隔墙底部封闭不密实或防水做得不到位，有水时导致渗漏，相互影响。

6. **穿墙套管处漏水**：地下室出室外的各种管线在土建施工时未能够封闭严密，导致室外雨量或土壤内存水过多时出现渗漏情况。

7. **管线对接处渗漏**：部分管线对接接触不牢，在交工前未做通水试验，出现渗漏。

8. **窗洞口渗漏水**：窗口四周封闭不密实，雨季时，外墙表面雨水从缝隙处渗入室内墙面。

出现以上渗漏的情况后，如果找到渗漏的原因就比较好处理。打开渗漏点，重新做好封堵、修复等工作。渗漏因素的查找是个漫长的过程，诸多渗漏都是在施工过程中质量不符合要求、操作工人责任心不强或专业人员监管不力而引起的。在此类部位施工时，施工人员要高度注意，同时加强过程监督，防患于未然。

装修细节——地漏

地漏的设置是很考究的，其位置的确定必须综合考虑两个因素：一是美观，二是便于维修。

1. 淋浴间常规做法是设置地漏在同淋浴花洒墙面距离 **100mm** 处，也有考虑放置在角落里。居中放置比较好，排水流畅、易于检修、且美观。

2. 卫生间除设置淋浴区域地漏外，还需在马桶旁或洗手台面下隐蔽处设置地漏，有利于干区排水。

3. 不常流水的地漏，如马桶旁边、洗手台面下、室外阳台的地漏位置越隐蔽越好。地漏有两种安装方式，一种是明装地漏，一种是暗装地漏。

4. 选择地漏时，避免反味，建议选择有防臭功能的地漏。

家庭厅 ▲

门厅 ▼

主卫 ▼

书房 ▲

卫生间 ▼

书房 ▲

卫生间 ▼

装修细节——收边、收口

1. 踢脚线：三个垂直。高级装修中，要求踢脚线阳角垂直和阴角垂直的情况下，还要求踢脚线本身与地面的垂直，这样才能保证室内踢脚线挺直流畅。

2. 窗台板：窗台板的安装要求底部填充密实，考虑到窗台板突出窗口，同时两侧伸出窗洞口，且两端伸出的长度要一致。

3. 合页（铰链）的安装：门安装的铰链常常有主次之分，为主的奇数咬合面固定在门框上，偶数面固定在门上，十字螺丝的旋拧角度应一致，效果美观。

4. 开关、插座及其他控制面板统一高度：在同一面墙面上的同类开关、插座的高度要求等高，不同面板大小的安装要求以面板边缘底边距地面等高，而不是中心线等距。

5. 中厨台面与西厨台面的区别选择：由于中厨油烟比较大，可选择耐污染、易清洗的人造石或硬度、密度较高的天然石材，西厨台面则可以考虑选择色泽纹理效果好的天然石材。

6. 壁炉的安装固定：壁炉的安装固定主要是干挂石材的固定，确保石材安装牢固，避免使用时间长后，云石胶老化发生掉落等危险。

7. 洗手台下盆的安装与固定：台下盆的固定一般用角码卡托，然后用云石胶与台面板直接固定，为了避免长期使用松动或老化，同时用钢架直接托住洗手台盆，以保证绝对安全。

装修细节——隔音降噪

建筑的隔音降噪主要有水管管材降噪、墙体降噪、设备间降噪、电梯井降噪、Low-E 玻璃隔音等部分。

1. 下水管道降噪。

生源的发生：雨落水管、排水管流水声。

处理办法：除选用高品质的管材外，用橡塑保温包裹水平排水管，对应的吊顶部分再加一层隔音棉，确保达到隔音效果。

2. 设备间降噪。

生源的发生：设备房间设备运行时产生的噪音。

处理办法：

（1）采用加厚隔音门；

（2）加厚相邻墙的厚度；

（3）设备基础增加隔音垫。

3. 电梯井降噪

临电梯井的剪力墙在户内部分贴50mm厚增强水泥聚苯板，留10mm厚空气层，以隔绝因电梯运行对室内产生的噪音影响。

4. "同层排水"降噪

由于同层排水系统的管道不穿越下层楼板，下层楼板不会被破坏，这样就从根本上解决了来自上层业主因排水产生的噪音干扰。如下水管道可采用如吉博力

会客厅 ▼

HDPE 管材，与 PVC 管道给下层用户造成 73 分贝的噪音相比，HDPE 管道同层排水方式在使用时产生的噪音只有 31 分贝。

5. "Low-E" 玻璃降噪

可采用 "Low-E" 玻璃，通过玻璃的隔音效果来降低噪音。Low-E 玻璃是低辐射镀膜玻璃，具有良好的采光性，同时还具有隔热、保温、隔音、防紫外线等性能。

家庭厅 ▼

儿童房 ▲

卧室 ▼

第五章

软装设计与布置

　　俗话说，三分硬装，七分软装。软装在室内装饰中起着非常重要的作用，并直接影响居住者的舒适程度和生活趣味。

　　软装设计以订制生活理念为出发点，不仅要注重风格与色彩，还要注重实用与舒适。软装设计师需要在硬装设计的基础上进行软装设计，通过规划空间内风格、色彩、质感、尺度等诸多设计元素，综合考虑配饰设计的功能性与舒适性，避免软硬的不和谐，将软装设计与硬装设计形成完美的结合，实现空间整体风格的协调与统一。

一、软装设计的基本内容

软装是指功能性的"硬"装修之后，可以移动便于更换的装饰物。

1. 室内摆放的所有物品

室内摆放的物品主要分为实用功能与观赏功能两大类，实用类的既满足实际使用的需要，又装饰美化空间；观赏类的大都具有浓厚的艺术气息及强烈的装饰效果，或者具有深刻的精神意义及特殊的纪念作用。这些物品主要包括家具、家电、织物、日用品、书画、雕刻、古玩等。

卧室 ▼

客厅 ▲

客厅 ▼

次卧 ▲

厨房 ▼

餐厅 ▲

西厨 ▲

客厅及餐厅 ▲

2. 室内空间总体的艺术构思与构图，意境与艺术氛围的打造

　　室内物品的放置需要进行推敲、整理，而不是简单随意地摆放，通过设计的考量，营造出与硬装相呼应、相融合的室内环境空间。中国的艺术与西方艺术的区别，就在于意境的打造。

客厅、过厅、厨房 ▼　　客厅、餐厅、书房 ▲

3. 室内家具、地毯、幔帘、各种陈设艺术品的布置

调度布置包含生活功能用品的陈设布置与纯艺术品的创意设置，也包含固定在室内表面上的艺术配套部分、呼应部分，以及可移动部分的陈设布置。

为了保持大宅设计整体协调性，后期配饰和情景布置，仍需要专业软装设计师提供相关意见和建议，软装设计师的意见也是建立在硬装设计师基础上的。因为如果业主单独购买搭配，很难做到完整性。软装对设计有很高的要求，如何根据不同的风格搭配光线、色彩，需要参考业主的生活习性挑选产品，核实尺寸，确定摆设位置。整个设计程序或许要涉及众多产品商家，还需要订单调整等很多细微的工作。由于软装的层次感和节奏要求更细腻，有时候可能要做得很极致。软硬装分离是行业细分的必然发展趋势。

客厅 ▲

餐厅 ▲

书房 ▲

二、软装订制的一般流程

　　软装的订制有两种常规形式，一种形式是业主自己采购，业主根据自己的喜好选择布置家居内的物品；另一种形式是由专业的设计公司提供配饰方案，经业主确认后，由专业公司代购并现场布置。这里我们主要讲述由软装配饰公司提供的订制模式。

流程 Process

1 项目背景调查

现场考查
商务洽谈

2 概念规划

项目评估
平面规划
风格定位
造价预算

3 室内空间策划

风格解析
空间尺度
物料搭配
艺术塑造

4 软装配饰实施

概念方案
深化设计
生产定制
软装采购
空间摆场

5 项目管理

进度控制
造价控制
质量控制
安全控制
安装控制
竣工验收

6 质量维护

维修
终身服务跟踪

软装设计提报的方案经过业主认可后，接下来就对方案内所选用的软装配饰进行报价，报价内容一般以表格的形式呈现。

三、室内软装的布置原则

1. 软装配饰的选择与布置要与房间整体环境协调一致。选择配饰时需从材质、色彩、造型等多方面考虑，与房间的使用功能相符、与房间的主题与特色统一。 这种主题是业主喜欢且想要的生活场景。

2. 软装配饰品的大小要与房间室内的尺度形成良好的比例关系。软装配饰品的大小应依照房间尺度而确定，不宜过大、也不宜太小，最终实现视觉上的协调与美观。

3. 软装配饰布置要主次得当，增加室内空间的层次感。在摆放的过程中应注意，在诸多配饰品中分出主次，主要的使其在空间中形成视觉的中心，而其它配饰品处于辅助地位，这样不易造成杂乱无章的空间效果，加强空间的层次感。

4. 软装配饰摆放要注重摆放的效果，要符合业主的欣赏习惯。

5. 软装配饰的选择与布置不仅能体现一个人的职业特征、兴趣爱好及修养品味，也是业主表现自我的最佳方式。

四、配饰现场布置的顺序

一般情况下，根据业主户型的大小，配饰现场安装的时间在 7~15 日左右，甚至需要更长的时间。常规摆放安装流程如下：

1. 安装吊灯等灯具。

2. 安装窗帘、挂画。

3. 摆放块毯、家具、饰品。

4. 收尾完成，双方交接验收。

如果业主对摆放的软装配饰不是很满意，可提出并意见由配饰公司调整，因调整所发生的费用，业主与专业公司协商解决即可。

附：软装项目设计任务书

一、项目概况

1. 项目名称：　　　　　　　　项目地点：
2. 项目类别：　　　　　　　　项目面积：
3. 甲方执行负责人：　　　　　联系电话：
4. 乙方设计负责人：　　　　　联系电话：
5. 硬装设计负责人：

二、设计要求

业主宗教信仰：＿＿＿＿＿＿＿；

1. 内容和范围（□家具 □灯饰 □布艺 □饰品 □花艺 □画品 □其他）
2. 业主的年龄：＿＿＿岁；业主的职业：＿＿＿；业主的爱好：＿＿＿；孩子的年龄：＿＿＿岁
3. 业主选择餐桌形状：□圆形 □方形 □长方形
4. 业主计划软装的费用：＿＿＿万；费用比重：＿＿＿家具＿＿＿饰品＿＿＿；
5. 设计定位

   情景主题：□整体项目主题：＿＿＿＿＿；□具体空间主题：＿＿＿＿＿；

   风格定位：□中式□东南亚□现代□欧式□新古典□美式□其它
6. 设计进度计划

   设计进度计划书

   a. 提供概念设计成果时间：　　　　　　　　年　月　日

   b. 提供方案设计成果时间：　　　　　　　　年　月　日

   c. 提供材料样板时间（家具面料及木饰面板）　　年　月　日

   d. 提供家具白胚完成时间：　　　　　　　　年　月　日

三、设计成果

1. 初步设计概念图册包含：

   a. 人物背景、爱好设定（如男女主人的职业、爱好等）；

   b. 主题设定、情节创意；

   c. 优化平面布置图；

   d. 配色方案确定；

   e. 家具面料及木饰面样板；

   f. 家具、灯具等方案配彩图。
2. 深化设计图，采购清单

a. 家具清单：	d. 窗帘清单：	g. 地毯清单：
b. 灯具清单：	e. 饰品清单：	h. 挂画清单：
c. 花艺清单：	f. 床品清单：	i. 其他：

五、配饰案例介绍

一层会客厅空间方案
A layer of room space program

图案元素：
山茶花
昆明市花，
与昆明当地文
化相融合。

形元素：**树桩**
茶几在树木原型中剥离原木
截面的质感，融入现代曲线元
素，进行至涧风格中新的演变

会客厅效果图
The lounge rendering

一层会客厅立面方案
One elderly housing space program

一层平面布置图
Floor floorplan

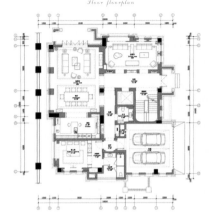

二层平面布置图
Two story floor plan

地下一层平面布置图
Basement floor plan

一层顶面布置图
Layer top layout

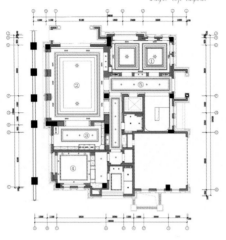

①、会客厅顶面状态

②、起居室顶面状态

③、厨房顶面状态

④、老人房顶面状态

⑤、走廊顶面状态

二层顶面布置图
Layer top layout

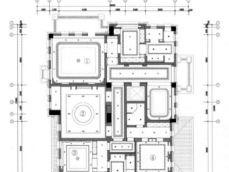

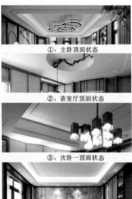

①、主卧顶面状态

②、茶室厅顶面状态

③、次卧一顶面状态

④、卧室1顶面状态

一层地面铺装图
Ground floor coverings Figure

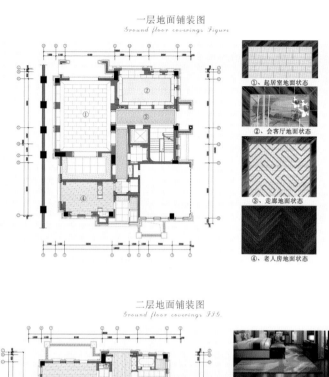

①、起居室地面状态

②、会客厅地面状态

③、走廊地面状态

④、老人房地面状态

二层地面铺装图
Ground floor coverings FIG.

①、主卧室地面状态

②、茶室地面状态

③、走廊地面状态

二层主卧空间方案
Second floor master bedroom space program

图案元素:水墨画

功能性细节:
台灯与书桌造型相结合,将功能性细节融入设计。

家具的语言:
形态上的方、圆关系以及对称感遵循了亚洲审美的秩序的平衡性。

二层主卧立面方案
Second floor master bedroom facade program

鱼骨皮   古铜+夹丝玻璃   真丝

主卧卫生间空间方案
Master bedroom bathroom space program

①、主卧卫生间空间氛围参考
②、空间造型细节参考
③、墙面造型细节参考
④、洁具状态参考

地下一层休闲书房空间方案
Underground a layer of leisure study space program

地下一层收藏室空间方案
One elderly underground collection space program

收藏鉴赏区空间方案
In the area of space

会客厅设计元素分析一
Living room design element analysis

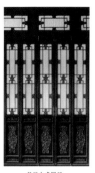

传统中式屏风

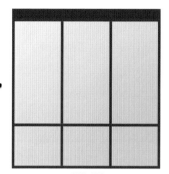

现代墙面线条

墙面凹槽拉缝处理

传统元素形态演变

会客厅设计元素分析二
Living room design element analysis II

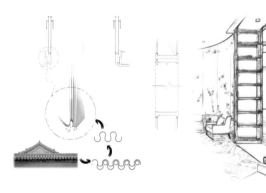

会客厅空间方案
The lounge space program

①、会客厅空间方案
②、电视墙状态参考
③、云南传统纹案
④、屏风花纹细节

起居室设计元素分析
Living design element analysis

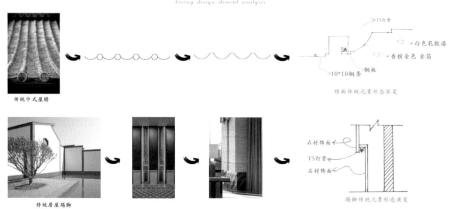

传统中式屋檐

——T5灯管

——白色乳胶漆

——香槟金色 金箔

——铜板

——10*10铜条

顶面传统元素形态演变

传统房屋踢脚

石材饰面

T5灯管

石材饰面

踢脚传统元素形态演变

起居室空间方案
Living space program

①、起居室空间方案
②、墙面柱式参考
③、客厅回象状态参考
④、垭口状态参考

客厅效果图
The sitting room rendering

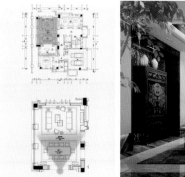

一层起居室空间方案
One elderly living space program

形元素：圈椅

家具运用了新材料、简化结构的创意，在提高舒适性的同时，保留传统意境。

古董家具

提升空间的雍容、沉静、文化气息，使家居在传统与现代之间找到最好的平衡点。

一层起居室立面方案
One elderly living facade program

特殊工艺：手工锻打铜

特殊工艺：编织皮家具扶手增加家具的质感

一层餐厅空间方案
One elderly dining space program

形元素：鸟笼

东方文玩中的董器，取其形，将其意，以新的功能形式运用到设计中，赋予其新的生命力。

材料元素：古铜 原木

起居室 ▲

茶厅 ▼

老人房 ▲

主卧卫生间空间方案
Master bedroom bathroom space program

①、主卧卫生间空间氛围参考
②、空间造型细节参考
③、墙面造型细节参考
④、洁具状态参考

主卧室 ▲

二层次卧空间方案
Room 1 space program

①、空间氛围参考

②、衣帽柜样式参考

③、软装屏风造型参考

④、床尾局部氛围参考

老人房空间方案
Elderly housing space program

①、老人房床头参考
②、柜体状态参考
③、窗口状态参考
④、床头硬包图案参考

老人房效果图
Old person room rendering

一层老人房空间方案
One elderly housing space program

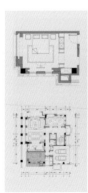

收藏惑花器

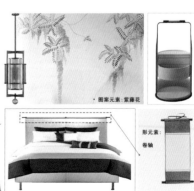

·图案元素：紫藤花

形元素：卷轴

主卧室空间方案
Master bedroom space program

①、主卧室床头造型参考
②、主卧床头背景图案参考
③、电视屏风状态参考

主卧效果图
Master bedroom renderings

二层主卧空间方案
Second floor master bedroom space progra

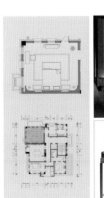

图案元素:水墨画

功能性细节:
台灯与书桌造型相
结合,将功能性细
节融入设计。

家具的语言:
形态上的方、圆关
系以及对称感透露
了竖洲美的秩序
的平衡性。

家庭厅 ▲

餐厅 ▼

客厅 ▼

主卧室 ▼　客厅 ▲

会客厅 ▲

家庭厅 ▲

注：配饰案例由北京紫香舸国际装饰艺术顾问有限公司提供。

第六章

主要材料选择与使用

在装修中可选用的材料种类繁多，从使用数量与价值分析，绝大多数高档装修活动中所选用的材料离不开石材、木地板、木饰面和壁纸。对于石材和木饰面，其生产及施工工艺要求都比较高，控制不当很容易出质量问题，本章对这几种主要的装饰材料从不同的角度分析如何把控质量。

一、装饰石材

石材是高档装修必不可少的最重要的材料之一，一般多用于地面和墙面。其具有品种多、数量大而且价格高等特点，选用的石材档次好坏直接影响整个室内空间的效果。高档石材多为荒料进口国内裁切成板而成。石材是不可再生资源，目前，已经有很多石材矿枯竭导致装饰石材的缺失情况发生。

1. 设计石材的选择途径

对于石材样板的选择，大多数设计师、业主主要通过石材厂商提供的样品挑选。偶尔也会倾向于选择市场不常用的石材或者新开采的品种，从而突显其独特的设计风格，引领设计潮流。

2. 石材样板的名称与尺寸

石材没有规范统一的名称，单独通过名称了解石材的信息是不够充分的。有时候，同一名称、同一矿产在不同时段开采出来的石材，其纹理与颜色的品质差距也比较大。

设计师提供的石材样板通常是 **5~10cm** 见方，供货厂商提供的样板通常是 **15cm** 见方，相对稍大一些。

3. 石材样板确定的流程

设计师提供的石材样板应与施工前实际加工的样板核对（设计样板由设计师提供，施工样板由施工方 / 供货商提供），并经由设计师确认，业主认可。设计、施工、管理一体化后样板合二为一。

对于石材样板，应先核对样品（即设计师提供的石材样板与施工队寻找的石材样板进行比对），两种样板进行比对确认后，再根据确定的样品，挑选石材大板，

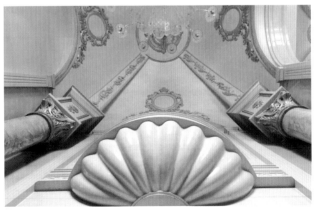

入口门厅 ▲

注：图片由北京皓宇正兴石材有限公司提供

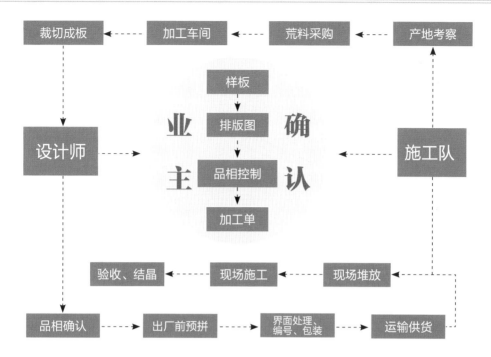

石材采购加工施工管理流程图

最后排版切割加工。

设计师需到石材市场确定大板，确定石材大板的可利用区域来规避石材小样信息的不足（比如，天然纹理的石材，具体需要何种纹理，小样无法表述，反应的信息不充分），充分实现设计师的设计意图。石材样板的确认需要耗费一定的精力和时间。在这个阶段，石材大板挑选的标准直接决定了后期现场实施的最终效果。

4. 石材的选择标准

设计选材的水平是见仁见智的，无法用好与坏简单判断。设计师对结果的判断仅代表了少数人的看法，从客户的角度思考和判断是必须且有效的，顺应潮流和引领潮流之间应该有所平衡，平衡各种审美之间的判断后再确定。

无色差是中国人讲究完美精致的装修品质标准之一，只有在各个环节中严格控制，加强监督管理，才可以保证无色差，或者色差在可接受的范围之内。

二、木地板

木地板是整个木质材料当中使用率最高的品种。与石材制品相比较木制品的自身特性更加的活跃，木地板的选择既要结合设计的美观，又要考虑其实用性能。

拼花木地板 ▲

地板从结构上分类有三大品类：强化地板、实木复合地板、实木地板。

强化地板，使用的是胶合高密度基材，表层贴浸渍纸做成，这种产品主要是硬度高、耐磨，价格低廉，且不含有木材成份。耐磨参数的大小是区分强化地板质量好坏的标准，实木复合地板和实木地板没有该参数标准。强化地板表面并不是木材层，表面的涂层多数是三氧化二铝或者三聚氰胺，以满足其使用时耐摩擦的性能。强化地板不能长时间与水接触，遇水后会出现严重的变形。

实木复合地板是使用人群最高的产品，主要分为多层实木复合和三层实木复合地板。多层与三层的两种结构都是为了保持地板的稳定性，且均由木材生产制造，区别在于实木基材的排列方式不同，如果实木基材横压就是多层结构，竖着贴合就是三层结构。

除此以外，还有立木结构三层，整板结构三层的实木复合地板，其目的使地板能够在地热条件下更加稳定不变形。

实木复合地板的价格由多个因素决定，比如表板的材种，成品板的规格厚度，表板是否是整板，做工细致程度，表面油漆处理，基材结构等因素。

首先表板是同一材种的，整板要比多拼的价值高，表板整板大规格的要比小规格的价值高。因为大规格的木材是稀缺资源，表板是整板的一定是要比多拼指接板要贵些，表板厚的一定要比表板薄的价值高。其次就是表板的木种，珍惜木种如黑胡桃、缅甸柚木、花梨等都是相对稀缺的木种，其价格要高于橡木和玛宝木。橡木和玛宝木是复合地板里面相对常用的木材。

三层实木复合地板是否比多层的好，要比多层的贵，要比多层的环保呢？多层和三层都是为了解决一个稳定性问题，木材本身都释放甲醛，任何地板无论强化、复合还是纯实木都是有一定的甲醛含量。进口的产品不一定就比国产的环保，选用实木复合地板最主要的是要看需求，既要符合设计，又要选择材质，还要对比价格。选产品时一定要比材质、比规格、比价格、比细节。

纯实木地板是价值最高的，顾名思义，就是一块原木做成的地板就叫纯实木地板。纯实木地板铺装时多数是需要打木龙骨，90% 的原木地不能在地热环境中使用。若想在地热环境下铺实木地板，需要对木头的材种和厂商的技术能力均有特殊的要求。在综合条件满足下，也是可以在热环境下使用的。

总之，选择木地板产品要本着效果符合要求，重价值的思路去选择。拼花地板常见的结构形式为实木复合结构。拼花的图案定制并加入雕刻技艺、嵌入玉石等材质。使得木地板更有设计感，实用与美观兼顾应用于大宅地面材料选择之中。

地面拼花木地板方案 ▲

三、装饰木饰面

木饰面是装饰材料中墙面常用于制作各种造型的主要材料。它主要用于墙面，多指护墙板、木挂板，较少用于吊顶。由于材质自身的特点，在高档装修中常常大量使用。木饰面按面漆分，通常可分为混油木饰面和清油木饰面。这里主要讲的是后者。

1. 材料样板与实物样板

材料样板是由设计师提供，实物样板则由施工队提供。按照设计师的意愿，木饰面材料均按照设计师提供样品的材质质感要求进行打样，由施工队提供实物样板，以满足业主最终需要的效果。设计、施工、管理一体化后，设计样板与施工样板合二为一。

2. 木饰面规格、花纹与排版

木饰面经木皮与装饰基层板材经过粘接、表面打磨、油漆处理等多道工序制作而成。木皮来源于木材，木材没有固定规格，木皮也就没有了固定尺寸，因而木皮可以根据需要拼接出各种宽度和长度，而装饰基层板材是有规格的，常用的规格为1.22m×2.44m，特殊的可以加长到3m甚至更长。由于树木不同，即使同一颗树不同位置的切片其纹理效果也是不尽相同的。如果设计要求用一致的树木纹理并超过2.44m使用于墙面上，这样的标准需要花很大的精力去寻找木皮，其实现的过程也是很艰难的。

有些时候，由于木皮采购批量相对较小，对木皮纹理的要求是建议在核心区域位置的墙面效果要一致，在角落等非关键部位可根据实际情况适当降低要求，选木皮应由专人到原材产地进行购买、挑选并编号，购买回来后进行再筛选、预排，最后粘贴在装饰基层板上。

3. 木饰面加工方式

相对于现场加工安装喷漆的传统方式，目前多采用场外加工现场拼装的施工工艺，这种方式避免现场喷油漆造成环境的污染。在工厂加工时，需要反复多次复核最终确定加工形式、加工尺寸及安装方法，并充分考虑到运输是否便利和安装的难易程度，同时也要注意搬运、安装过程及已完工作业面的成品保护。

4. 木饰面的色差

有些时候，为什么现场检验时会发现木饰面平放在地上色泽一致均匀，而挂上墙有明显色差呢？

原因是树皮切薄以后不是双面均质的，而是存在正反面，或者说是阴阳面，其对油漆的吸收是不一样的，对光的反射也是不一致的，从而导致木饰面的色差。如何解决安装时出现的色差呢？油漆工人在作业时通常是平放喷涂，看到的是平放的效果色泽一致，建议对纹理较复杂的木饰面，要求工厂加工时竖向喷涂，观察效果、进行规避，发现问题在出厂前解决。

活动室 ▲

书房 ▼

会客厅 ▲

主卧室 ▲

活动室 ▲

5. 木饰面设计使用不当导致的隐患

首先表现为大体量使用，为追求完美就必须减少木饰面竖向的分缝，这为木饰面伸缩带来较大隐患，容易开裂和拱起。其次，木饰面在圆弧造型位置的使用，圆弧导致施工难度加大、接缝困难、固定成形困难，长期使用后效果没有保障。

木饰面不适合大量应用于厨房墙面，这易导致木饰面受热、受潮后变形、变色。

木饰面在卫生间的使用也需慎重，卫生间使用木饰面、木卫柜、木门时需要充分考虑卫生间内湿润环境下对木饰的影响，特别是落地部位，建议采用石材柱脚，避免施工过程中及使用时出现的下口破损、涨裂等问题。

卫生间 ▼

▶ 铜装饰

▶ 铜装饰

四、装修壁纸

在高档装修中常常使用到壁纸，其种类主要有纯纸壁纸、PVC 壁纸、无纺壁纸、天然织物壁纸、金属质感壁纸、特殊材料壁纸等。随着科技的进步，装修材料也在发生巨大变化，新型壁纸有刺绣壁纸、手绘壁纸等。有一些壁纸将一些功能性物质如硅藻土、负离子材料等添加在壁纸生产过程中，此类产品能够产生调湿、保湿、抗菌、防霉、净化空气等特殊功能。

不同厂家生产的壁纸的宽幅也不近相同，常规规格是 0.53m×10m 为一卷，特殊宽幅可以定制。

壁纸施工主要对墙面的基层有要求，除了平整外，应无开裂、表面清洁。施工时，先对基层做一道基膜封闭处理，之后用专用的环保壁纸胶粘贴壁纸，带有图案的要考虑对纹对花的要求。

不同批次的壁纸会有色差，所以在选购壁纸时，根据房间面积和幅宽，确定好损耗后，最终确定一个批次需要购买的壁纸数量就可以了。

定制的图案壁纸一定在确定制作前，现场核对一下尺寸，避免出现问题，造成遗憾。

进口壁纸避免产生色差的常用做法是采用搭边裁缝，对于有些进口壁纸，由于颜色分布的不一致（如布浆纤维壁纸），可以采用搭边裁缝的工艺，适当裁去颜色不一致的部分，以减少色差。

1. 进口壁纸的粘贴方法

（1）尽量使用机器上胶。这样既可以提高施工效率，也可以使胶分布的均匀，减少溢胶的可能。

（2）尽量不使用刮板。对特殊壁纸大面积抚平时尽量使用毛刷，接缝处尽量使用压滚压合。

（3）对于采用搭边裁缝工艺施工的壁纸，应使用保护带，避免胶水污染到壁纸表面。

我国普遍采用的壁纸验收标准，是针对聚乙烯等普通壁纸的。对于特殊材料的壁纸，由于我国壁纸的生产、制造工艺水平相对来说还比较落后，有些材料的壁纸甚至还无法生产，因此尚无特殊壁纸验收标准。用普通壁纸的验收标准，去验收特殊壁纸，显然是不适合的。

五、铜制品

铜在中国有着悠久的历史，流传下来的青铜器是最好的见证。

铜在自然界的储存多，易加工，铜质地软、可塑性强。铜饰按照原料性质可以分为：

青铜、黄铜、红铜（紫铜）三类。因为含铜量及其他金属含量的比例不同，铜的质地特性也不同。黄铜含有少量的锡，耐腐蚀性强于青铜；红铜则是较为纯净的铜。

　　铜饰的加工工艺至今仍然是以手工制作为主。古往今来铜工艺品、日用品加工手段多种多样，如铸铜、锻铜、挤压成型、冲压成形，非金属铸铜、无模铸铜、铜丝镶嵌，也正因为铜有多种多样的加工手段，从而形成了不同风格、不同表现形式的铜制作工艺。由于不同方式的表面处理，或仿古或本色或镀金，从而形成了斑驳陆离的基本效果。由于其特点的材料与加工手段，能形成强烈而细腻的表现力，也有华贵的气质。尽显铜艺之辉，既风雅又有情趣。

　　铜耐大气腐蚀性能很好，经久耐用，可以回收，它有良好的加工性，可以方便的制作成复杂的形状，而且它还有美观的色彩。室内的装饰，如门把手、锁、百叶、按栏、灯具、墙饰以及厨房用具等。使用铜制品不但经久耐用，并且干净卫生。而且装点出高雅的气息，深受人们的喜爱。

　　铜饰的装饰效果很强，既有金属特性，能塑造现代风格，也有丰富的造型与古典语言，是一种极佳的装饰材料。经过不断的摸索，实践与锻炼、完善，铜工艺在大宅装修领域逐步回归被重视，运用其中，让铜装饰延续着中国的传统文化。

▼ 过厅

▼ 吊顶局部

▼ 吊顶局部

第七章

室内环境
安全与空气治理

　　随着社会的进步，室内环境质量越来越受人们的关注，因为它直接影响人们身体的健康，如 PM2.5、甲醛、有机挥发物等。室内空气环境污染主要因装修选用的材料所引起，应通过检测等手段，对装修后的室内环境进行分析，并采取有效措施治理，从而满足健康居住的基本要求，保障室内环境安全。

会客厅 ▲

纵观中国建筑发展史，从秦砖汉瓦到金属和水泥的时代，再到有机化学建材，污染随之而来并一步步渗入到生活中，危害我们的健康。

这个世纪是个污染的世纪。如今，工厂、街道和居室已成为主要污染源。国际上已经将室内污染列入对公众健康危害最大的因素之一。

随着生活水平的不断提高和周围环境的不断恶化，特别是化学建材带来的严重的室内环境污染，人们已经开始关注室内环境及公共用品的抗菌、清洁、净化和健康问题。往往越是进行过豪华装修的房屋，污染越是严重。据中国室内环境检测中心的统计资料显示，室内因家具、建筑材料及装修材料如地板、墙纸、涂料、衣柜、地毯、窗帘等所释放出的甲醛等数百种有害气体的含量是室外大气中相应含量的 10 ～ 100 倍！这些有毒有害物质的毒副作用危害极大，室内环境污染，成为对公众健康危害程度最大的环境因素。

如何加速甲醛等有害物质在板材中的释放速度，从源头净化室内空气是业内研究解决室内环境污染的重心。

一、室内空气污染物的危害

1. 甲醛对人体的伤害

甲醛是世界公认的潜在致癌物，它刺激眼睛和呼吸道黏膜等，最终造成免疫力功能异常、肝、肺损伤及神经中枢系统受到影响，而且还能致使孕妇胎儿畸形。

生活中常常出现入住新屋的人群会伴有各种身体不适的现象，尤其是小孩儿以及身体较弱的人。由于孩子年龄小，免疫系统在成长过程中慢慢建立，所以他们长期接触装修材料中的甲醛、苯等有害物质，很容易导致慢性呼吸道炎症，甚至造成头晕、恶心、胸闷、气喘等神经、免疫、呼吸系统和肝脏的损害。

除此之外，甲醛、苯等化学物质对孕妇的影响也很大，如果孕妇在怀孕 3 个月内经常接触这些有害物质，很可能造成胎儿畸形。另外，女性长时间接触装饰材料产生的放射性污染还容易导致不孕。

甲醛浓度	人体反应	质量标准	危险等级	建议
0.08ppm	几乎无味，无健康影响	欧美、日	健康环境 ★★	宜居
0.10ppm	几乎无味，无健康影响	国际	健康环境 ★	宜居
0.10-0.25ppm	幼童长期吸入易引发皮肤过敏，免疫力下降	危险环境	★	不建议孕妇、小孩长期居住
0.25-0.30ppm	引发气喘、胸闷、咳嗽、头晕、疲倦、过敏、睡眠不良等症状	危险环境	★★	孕妇、小孩、女性、老人身体不适者不宜长期居住
0.30ppm（以上）	小孩智力下降，内分泌失调，经期紊乱	危险环境	★★★	不适合居住
0.50ppm（以上）	免疫功能异常，致癌危机	病住宅	★★★★	不适合居住
0.70ppm（以上）	染色体异常，影响生育，易致癌	病住宅	★★★★★	不适合居住
5.0ppm（以上）	致癌、促癌、慢性呼吸道疾病引起的鼻咽癌、直肠癌、脑癌等	病住宅	★★★★★	不适合居住

甲醛浓度与危险等级

2. 苯及苯系物对人体的危害

苯是一种略带芳香味的有机溶剂，在溶解性涂料、油漆及各种粘胶中广泛使用。苯是致癌物质，主要损害人的中枢神经及肝功能。医学研究表明，苯可以危及血液及造血器官，易引起白血病及败血症等疾病，尤其是对孕妇的危害极为严重。

（1）苯对造血系统造成危害，可导致人们（特别是孕妇）贫血、感染、皮下出血等。长期低浓度暴露会伤害听力，并导致头痛、头昏、疲劳乏力、面色苍白、视力减退及平衡功能失调等问题。使胎儿畸形，罹患先天型病症。

（2）甲苯在暴露情况下如用鼻吸进会使大脑和肾受到永久损害。如母亲在怀孕期间受到苯系物侵害，毒性可能会影响婴儿而生长缺陷。

（3）二甲苯会使皮肤产生干燥，皲裂和红肿。神经系统会受到损害。还会使肾和肝受到暂时性损伤。皮肤反复接触苯系物可导致刺激性皮炎及中枢和周围神经功能障碍。

3. TVOC 对人体的危害

TVOC（总挥发性有机化合物）是空气中三种有机污染物（多环芳烃、挥发性有机物和醛类化合物）中影响较为严重的一种。TVOC 可有嗅味，有刺激性，而且有些化合物具有基因毒性。

目前科学家认为，TVOC 能引起机体免疫水平失调，影响中枢神经系统功能，出现头晕、头痛、嗜睡、无力、胸闷等自觉症状，还可能影响消化系统，出现食欲不振、恶心等症状，严重时可损伤肝脏和造血系统，出现变态反应等。

室内过道 ▲

卧室 ▼

二、室内空气污染的主要来源

1. 甲醛

甲醛，化学式 HCHO，无色气体，有特殊刺激气味，对人眼、鼻等有刺激作用。甲醛可经呼吸道吸收，其水溶液可经消化道吸收。通常 35% ～ 40% 的甲醛溶液称之为"福尔马林"，具有防腐作用。

甲醛的来源

（1）木材板材

用作护墙板、天花板等装饰材料的各类醛树脂胶人造板，比如胶合板、细木板、纤维板和刨花板等。

（2）油漆墙贴

含有甲醛成分并有可能向外界散发的装饰材料，比如贴墙布，贴墙纸，油漆和涂料管。

（3）家具地毯

有可能散发甲醛的室内陈列及生活用品，比如家具、化纤地毯和泡沫塑料等。

（4）有机材料

燃烧后会散发甲醛的某些材料，比如香烟及一些有机材料。

（5）芳香喷剂

有些芳香剂、杀蚊液也含有甲醛成分。中科院科学家最新实验结果显示，空气清新剂中有一种物质叫做"萜"，这种物质和空气中的臭氧进行反应，会生产甲醛等有害的气体。

2. 苯及苯系物

苯及苯系物包括苯、甲苯、二甲苯、苯乙烯等物质。

苯及苯系物的主要来源。

苯、甲苯、二甲苯是制造漆料、涂料的原料，还常用于建筑、装饰材料、人造板家具的溶剂、添加剂、黏合剂。苯和苯系化合物从油漆、涂料、胶黏剂、合成纤维中挥发出来。防水材料，特别是一些原粉加稀释料配制的防水涂料尤为突出。

8.	当房间内有 2 个及以上检测点时，应取各点检测结果的平均值作为该房间的检测值。
9.	民用建筑工程验收时，环境污染物浓度现场检测点应距内墙面不小于 0.5m、距地面高度 0.8～1.5m。检测点应均匀分布，避开通风道和通风口。
10.	民用建筑工程室内环境进行游离甲醛、苯、氨、总挥发性有机物（TVOC）浓度检测时，对采用集中空调的民用建筑工程，应在空调正常运转的条件下进行；对采用自然通风的民用建筑工程，检测应在对外门窗关闭 1 小时后进行。
11.	在对甲醛、氨、苯、TVOC 取样检测时，装饰装修工程中完成的固定式家具，应保持正常使用状态。
12.	当室内环境污染物浓度的全部检测结果符合本规范的规定时，可判定该工程室内环境质量合格。
13.	室内环境质量验收不合格的民用建筑工程，严禁投入使用。
14.	民用建筑工程验收时，必须进行室内环境污染物浓度检测。检测结果应符合 GB50325—2010 标准。
	注： 本规程所称室内环境污染物系指由建筑材料和装修材料产生的室内环境污染。民用建筑工程交付使用后，非建筑装修材料产生的室内环境污染，不属于本规范控制范围。

餐厅 ▼

室内空气质量标准
Indoor Air Quality Standard

序号	参数类别	参数	单位	标准值	备注
1	物理性	温度	°C	22~28	夏季空调
				16~24	冬季空调
2		相对温度	%	40~80	夏季空调
				30~60	冬季空调
3		空气流速	m/s	0.3	夏季空调
				0.2	冬季空调
4		新风量	$m^3/(h\cdot 人)$	30^3	
5	化学性	二氧化硫 SO_2	mg/m^3	0.50	1 小时均值
6		二氧化氮 NO_2	mg/m^3	0.24	1 小时均值
7		一氧化碳 CO	mg/m^3	10	1 小时均值
8		二氧化碳 CO_2	%	0.10	平日均值
9		氨 NH_3	mg/m^3	0.20	1 小时均值
10		臭氧 O_3	mg/m^3	0.16	1 小时均值
11		甲苯 C_7H_8	mg/m^3	0.20	1 小时均值
12		二甲苯 C_8H_{10}	mg/m^3	0.20	1 小时均值
13		笨并 [a] 芘 B(a)P	ng/m^3	1.0	平日均值
14		可吸入颗粒物 PM_{10}	mg/m^3	0.15	平日均值
15	生物性	菌落总数	cfu/m^3	2500	依据仪器定
16	放射性	氡 ^{222}Rn	Bg/m^3	400	年平均值（行动水平）

a. 新风量要求≥标准值，除温度、相对温度外的其他参数要求≤标准值；
b. 本达到此水平建议采取干预行动以降低室内氡浓度。

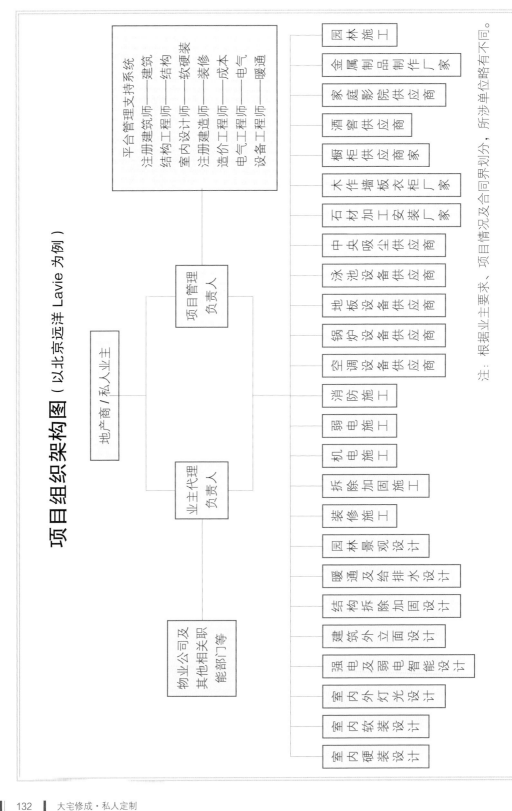

项目组织架构图（以北京远洋 Lavie 为例）

项目管理流程图（以北京远洋 Lavie 为例）

一、指定人员情况表

序号	项目名称	项目管理负责人	现场负责人	设计对接人	工程成本负责人	行政人员	归档资料员
1							

二、流程示意图

1. 工作联系单／发函流程：

2. 设计变更流程：

3. 工程洽商流程：

4. 图纸发放流程：

5. 会议纪要流程：

6. 招标采购流程（略）。

大宅模式

　　大宅模式源自于北京绿城御园，兴起于远洋 LAVIE，是一种全新的装修模式，是打破传统私宅定制痛点，将地产经验服务私宅营造、家装与工装有机结合形成优势互补后，经过长期经验总结出来的大宅营造最佳理想解决方案。

　　大宅模式管理者具有十余年品牌地产从业背景，精装修全产业链丰富资源。整合设计、软装、施工、材料全产业链资源，优化配置全程一体化专业定制服务。

大宅模式＝大设计概念＋轻工辅料＋专业分包＋材料代理商／供应商＋管理

　　大设计概念＝以室内设计为龙头，包括建筑门窗及雨棚设计、结构拆除加固改造设计、机电的设计、室内外灯光设计、景观园林设计、厨房设计、衣帽间设计、家庭影院设计、酒窖设计、智能家居设计等在内的所有设计内容。

　　提示：大设计是以室内设计为龙头，但不能完全由室内设计担当，专业的人做专业的事。

　　轻工辅料＝装修施工活动中的轻工辅料，也就说施工过程不包主材。其目的是有利于业主选择材料的便利性及替换的灵活性。

　　专业分包＝以装修为总包的前提下，其余的事情含有施工工作的均为专业分包，如拆除施工、机电施工、景观园林施工、厨房施工、衣帽间施工、护墙板施工、家庭影院施工、酒窖施工、智能家居施工、入户门施工等等均属于专业分包项目，

　　充分实现专业的人做专业事。

　　材料代理商／供应商＝通过大宅资源平台优势，获得比较合理价位的材料采购价格，去掉中间环节，充分体现大宅平台资源的渠道优势。

　　管理＝设计管理、施工现场过程管理、总分包管理、材料管理、安全管理等等全方位的管理。现场监理是管理工作中的现场管理的重要组成部分。管理是个系统工程，通过专业化管理，创造出经济效益。这是大宅的一个不可模仿替代的核心。

　　通过长期实践证明，只有系统、科学有效地把家装的个性化要求与工装的专业化水平有机结合起来，同时引入房地产开发企业里的流程管理，是大宅有条不紊地顺利实施的前提与保障。

大宅文化研究俱乐部专业委员会成员（排名不分先后）

梁宝燕
建筑设计顾问

吴晨晨
财务税费顾问

周玉娥
招采成本顾问

罗兰
空气治理顾问

李世军
材料集采顾问

王菊芳
外语翻译顾问

伊桂荣
结构设计顾问

郭亮
物管服务顾问

赵文敏
电气设计顾问

涂金灿
家谱书房顾问

裴育公
景观设计顾问

孙向辉
暖通机电顾问

魏跃
智能家居顾问

王军
灯光照明顾问

冯建房
软装配饰顾问

刘孔政
石材专业顾问

赵宏宇
固装木作顾问

姜珊
艺术花灯顾问

秦学延
泳池设备顾问

王红涛
商厨厨电顾问

张志奎
酒窖品酒顾问

冯然
机电设备顾问

刘强
铜艺艺术顾问

贾会成
石雕艺术大师

周硕安
结构设计顾问

陈国旭
园林景观顾问

魏成玉
结构加固顾问

赵岩松
强电弱电顾问

徐立杰
建筑外窗顾问

孙光亚
工程木作顾问

张振民
建筑结构顾问

张舒
拼花地板顾问

丁绍文
机电设备顾问

李威
家具墙板顾问

张广耀
家具专业顾问

张玲叶
洁具卫浴顾问

大宅文化研究俱乐部专业委员会成员（排名不分先后）

李庆福
工程壁纸顾问

李志强
家庭影院顾问

于凯
艺术涂料顾问

郑英峰
洁具卫浴顾问

林方名
高端壁纸顾问

沈北松
洁具卫浴顾问

高宝川
净水软水顾问

张金辉
喷泉技术顾问

田融
软装配饰顾问

凌惠明
特种门定制顾问

王鸿星
中式家私顾问

李欣诺
工程五金顾问

艾俊鹏
高端瓷砖顾问

王峰
软装配饰顾问

焦铁涛
结构鉴定顾问

韩如
洁具卫浴顾问

陈伟龙
工装石材顾问

唐明
工程地毯顾问

温懂华
艺术马赛克顾问

李刚
木作安装顾问

罗德林
艺术玻璃顾问

程金辉
工程地板顾问

何永洪
景观园林顾问

董瑜
工程电梯顾问

王小宁
酒窖酒柜顾问

赵星
景观设计顾问

周秀娜
高端地板顾问

卓成美
高级五金顾问

范海卫
地板专业顾问

程勇
窗帘布艺顾问

王丹阳
建筑门窗顾问

王永祥
高端五金顾问

周宏宇
木作制作顾问

邓萌
衣柜制作顾问

胡玲
装饰风口顾问

任志勇
工程瓷砖顾问

大宅文化研究俱乐部专业委员会成员（排名不分先后）

Miks
室内设计总监

Jerry
室内设计总监

吕达
室内设计总监

潘飚
室内设计总监

季清涛
室内设计总监

赵永春
室内设计总监

如风
艺术设计总监

张明亮
室内设计总监

李明明
室内设计总监

郭小雨
软装设计总监

白晓辉
高级设计师

廖江华
深化设计师

聂敏
室内设计总监

孙建华
室内设计总监

宋现铭
主任设计师

赵维君
室内设计师

李军
设计总监

蔡娜
石膏艺术顾问

王岩
软装配饰总监

郑伟
主任设计师

吴秀雄
室内设计总监

张毓辉
室内设计总监

张浩
室内设计总监

任姮琳
室内设计总监

陈磊
室内设计总监

闫金侠
室内设计总监

马旭东
室内设计总监

杨斌
高级设计师

刘馨浓
室内设计总监

赵娜
室内设计总监

张绍民
土建安装顾问

王煊
工程瓷砖顾问

刘鑫波
高端瓷砖顾问

林磊
酒窖制作顾问

周本达
地毯定制顾问

孔令军
铁艺艺术顾问

大宅文化研究俱乐部专业委员会成员（排名不分先后）

杨拓然
壁炉艺术顾问

傅雷
瓷砖艺术顾问

陈培峰
壁纸艺术顾问

季博晗
进口厨房顾问

于乐伟
电器专业顾问

丁涛
地毯艺术顾问

黄祎
锅炉专业顾问

张志舟
拼花地板顾问

张井华
家具安装顾问

郑得友
客户服务顾问

王石涛
户门定制顾问

肖东才
项目经理

司涛
项目经理

徐萌
项目经理

徐文富
项目经理

杨欣阳
项目经理

李小建
项目经理

钞征强
项目经理

周先来
项目经理

唐登方
项目经理

张明官
项目经理

吴神琼
项目经理

章裕喜
项目经理

季益荣
项目经理

张晓
项目经理

傅丰博
项目经理

张铁营
项目经理

王大安
项目经理

刘杰
项目经理

国震
项目经理

罗肖军
项目经理

薛衍威
项目经理

顾世兆
项目总经理

孙庆国
项目总经理

纪玉珊
施工经理

李克堂
项目经理